実物大モグラ図鑑《ずかん》

日本の２大勢力《せいりょく》といわれる２種《しゅ》。体の大きいコウベモグラが生息域《せいそくいき》を広げつつあり、アズマモグラをおびやかしています。

コウベモグラ

体　長：12 〜 19センチメートル
尾《び》　長《ちょう》：１〜３センチメートル
体　重：48 〜 175グラム
生息域：本州中部から南、四国、九州など。

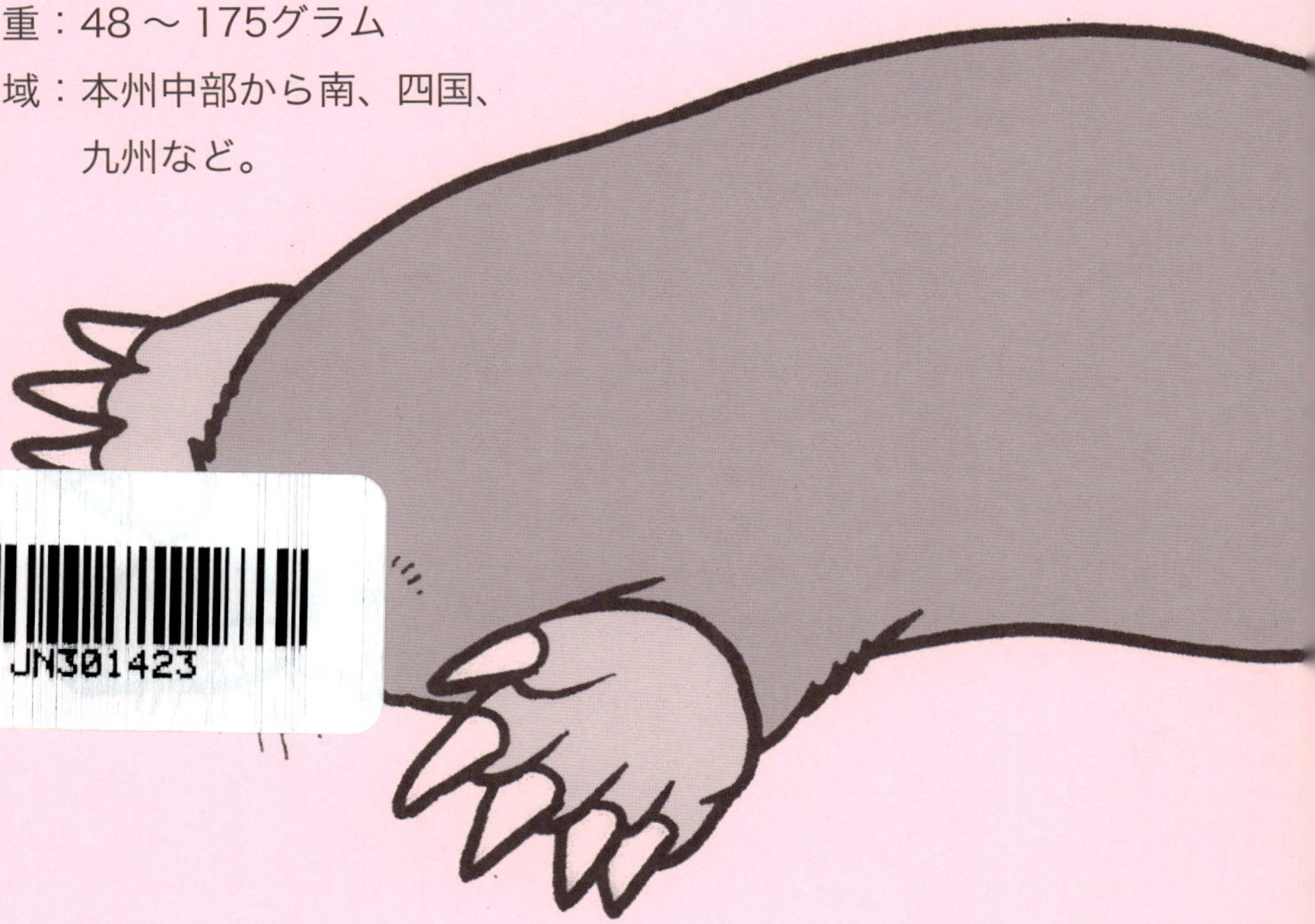

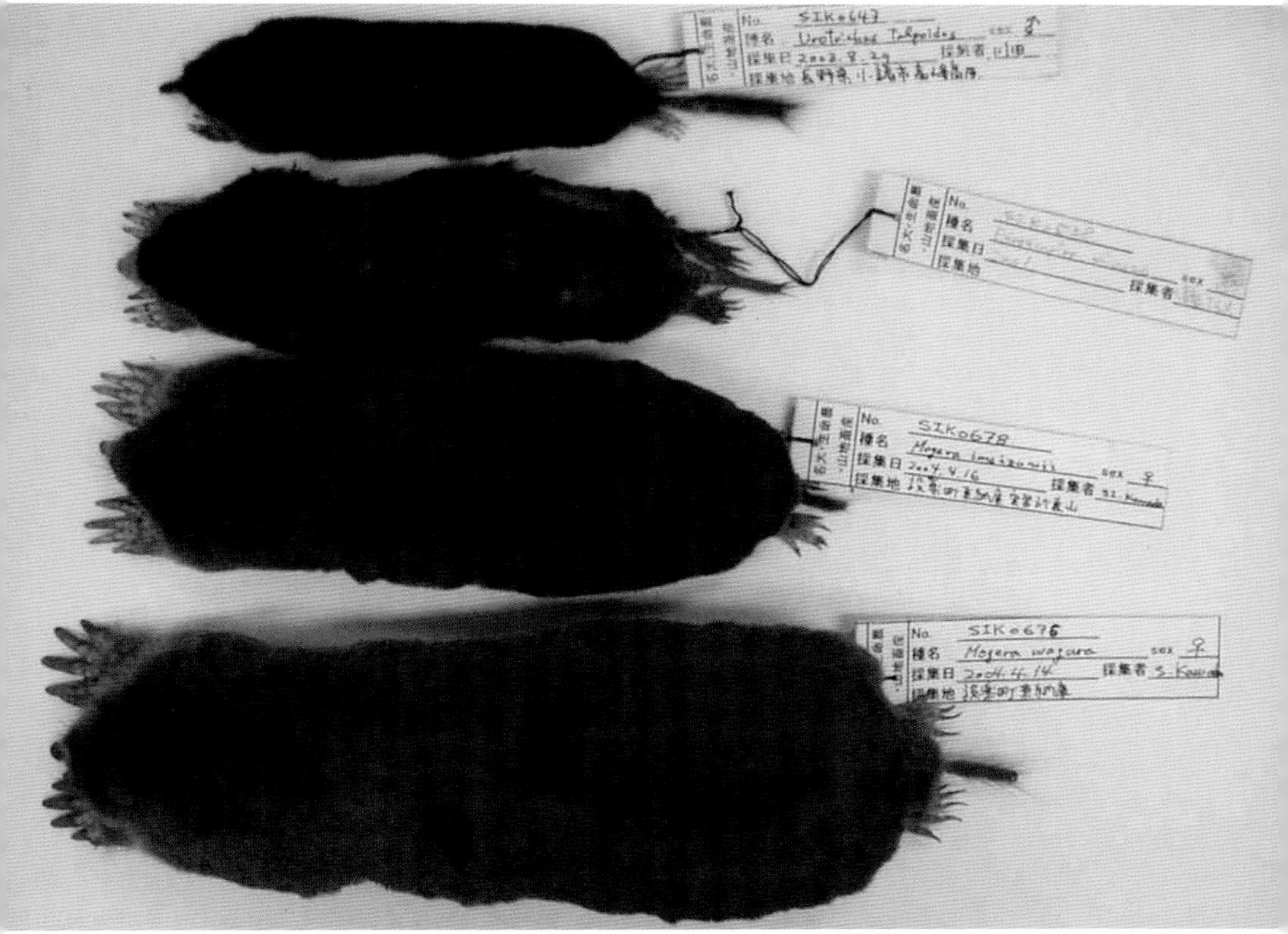

日本にすんでいるモグラたち。上から、ヒミズ、ミズラモグラ、アズマモグラ、コウベモグラ。いっぱん的《てき》なアジアのモグラの毛色は灰色《はいいろ》がかった茶色で、ヒミズは黒っぽい色をしています。

地面にボコボコともりあがった土の山。これが「モグラ塚《づか》」です。

ついに発見！新種《しんしゅ》のモグラ

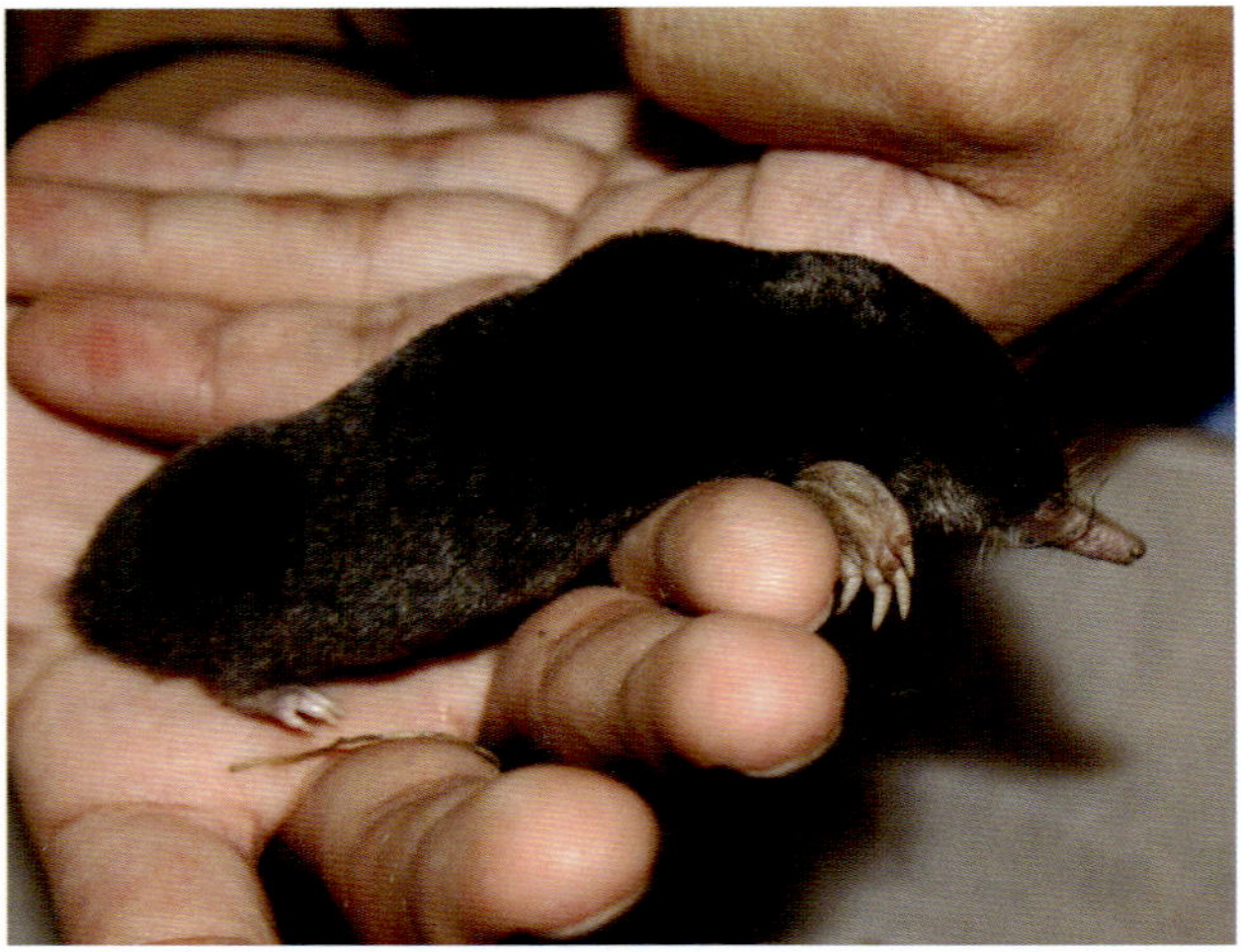

“ヒメドウナガモグラ” と命名しました。

コンピュータの映像《えいぞう》で骨《ほね》のつくりを見てみよう

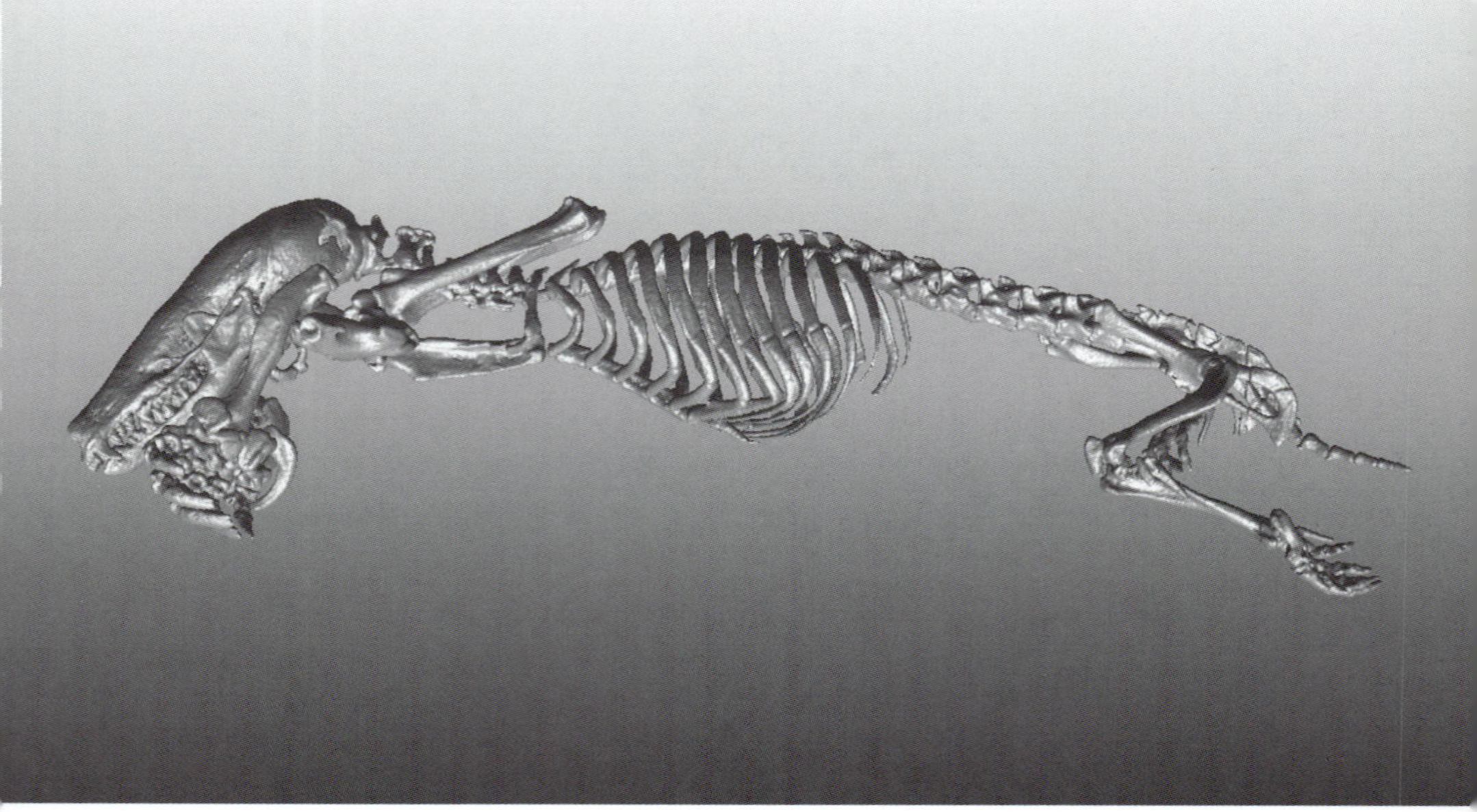

横から見たところ。

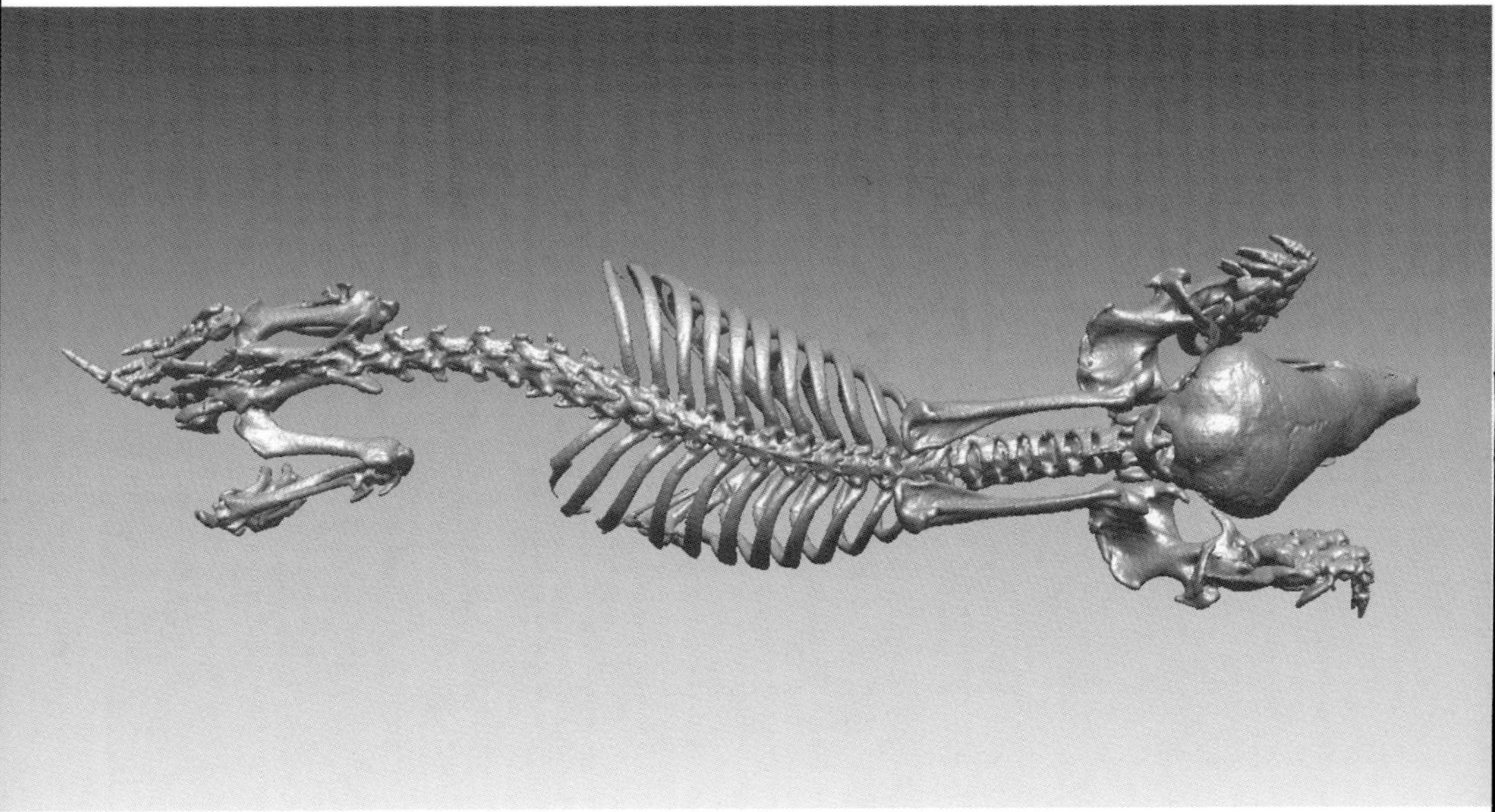

上から見たところ。

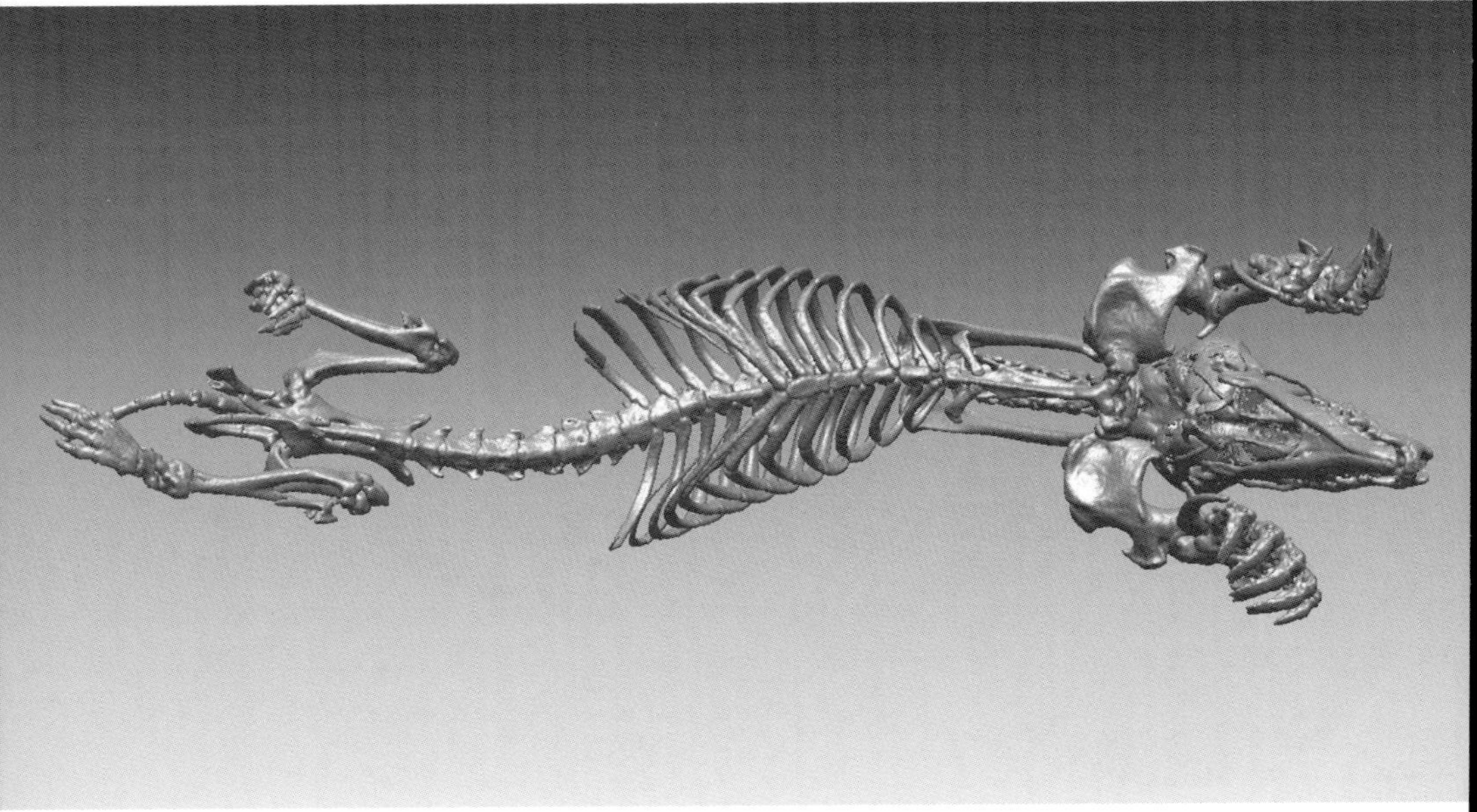

下から見たところ。

人工トンネルも気に入ってもらえたようです。

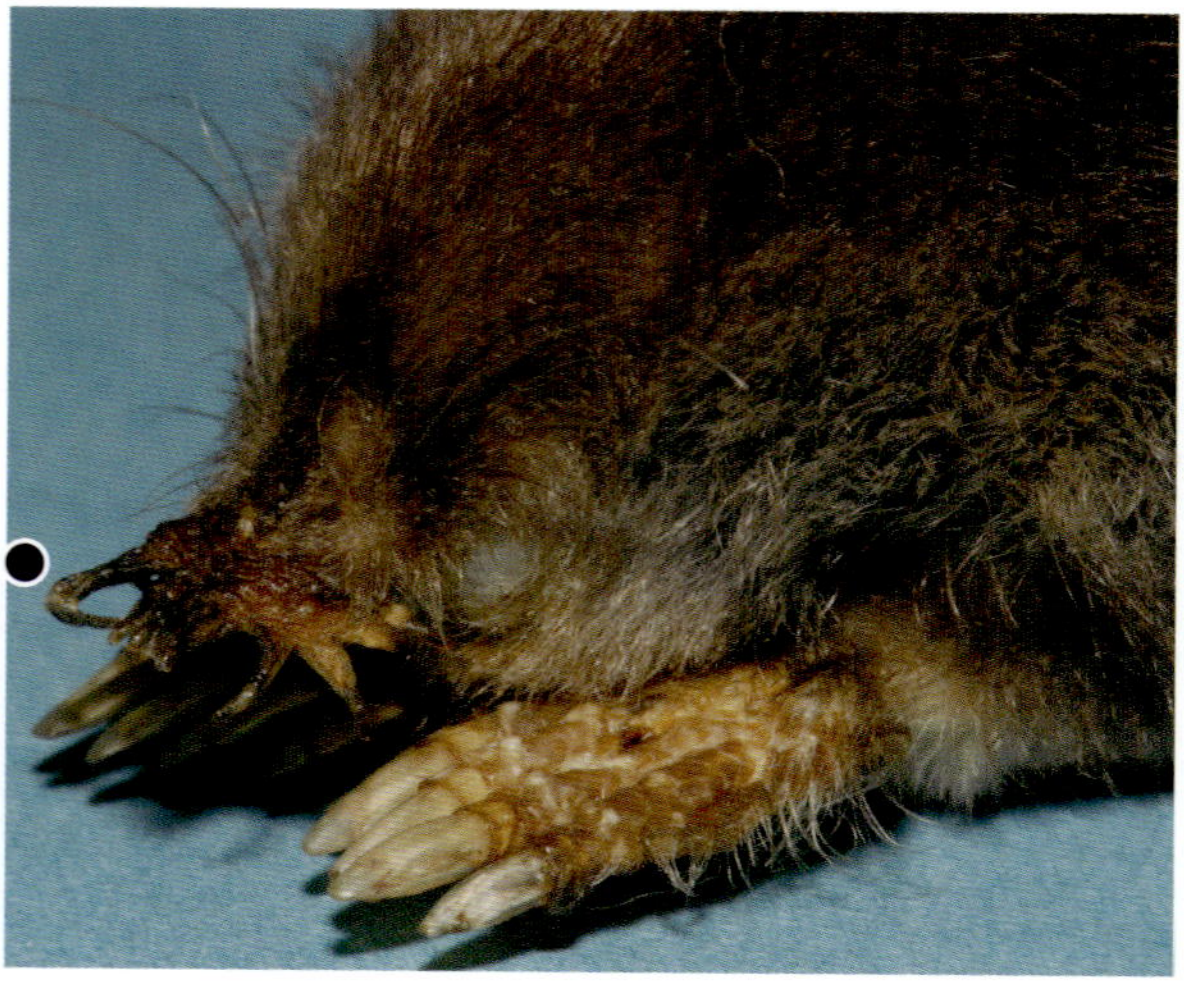

ふしぎな形の鼻を持つホシバナモグラ。こんなものがいるなんて、生き物の世界はなんておもしろいのでしょう。

はじめまして
モグラくん

なぞに
つつまれた
小さなほ乳類

川田　伸一郎

もくじ

＊モグラ情報館の資料は、二〇一二年七月現在のものです。

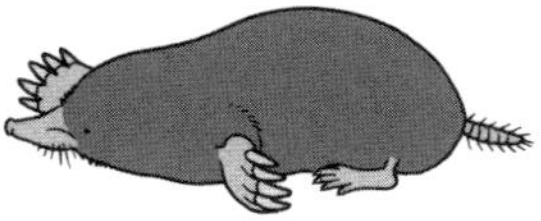

はじめに

ぼくは博物館《はくぶつかん》で働くモグラの研究者です。博物館でしばしばモグラの話をすると、多くの子どもたちがとても興味《きょうみ》深そうな顔で聞いてくれます。そして、最後《さいご》にこう質問《しつもん》します。「どうして、モグラには目がないの？」

ぼくはその疑問《ぎもん》に答えて、「また、何か知りたいことがあったら、いつでも聞いてね」と言います。こうしてぼくは、博物館に来る子どもたちと、モグラを通じて仲《なか》よしになりました。

ぼくはこれまでに、モグラの本を何さつか書いてきました。

でも、それらはちょっとむずかしい内容《ないよう》です。今回もう一度、ぼくがモグラについて本を書いたのは、もっとわかいきみたちの世代に、モグラのことを知ってほしいと思ったからです。そして、モグラを通してきみと友だちになりたい、できれば将来《しょうらい》、きみにモグラの研究者になって、ぼくが未解決《みかいけつ》の問題にいどんでほしい、そのきっかけ作りをしたいと考えたからでした。

そこで、この本では、最初《さいしょ》の章で、モグラについて今までにわかっていることを、ぼくの想像《そうぞう》を加《くわ》えて説明《せつめい》しています。なぜならモグラの世界には、まだまだわかっていないことがたくさんあるからです。次の章では、ぼくがこれまでに見てきた世界中のモグラを紹介《しょうかい》します。最後の章では、ぼくの研究の具体《ぐたい》的《てき》な手順《てじゅん》から、どうやって新種《しんしゅ》のモグラを見つけて、世界に発表したのかまでを書いています。

ぼくはこの本が、生き物好《ず》きのきみの心に残《のこ》るものになったらいいな、と願《ねが》っています。それでは、モグラのなぞめいた地中生活の世界へ、いっしょに足をふみこんでみましょう。

＊にたようなすがた形をしたものを、この本では「仲間」とよぶことにします。
＊また、子孫《しそん》を残すことができる集団《しゅうだん》を、「種《しゅ》」とよびます。

モグラの体のしくみ

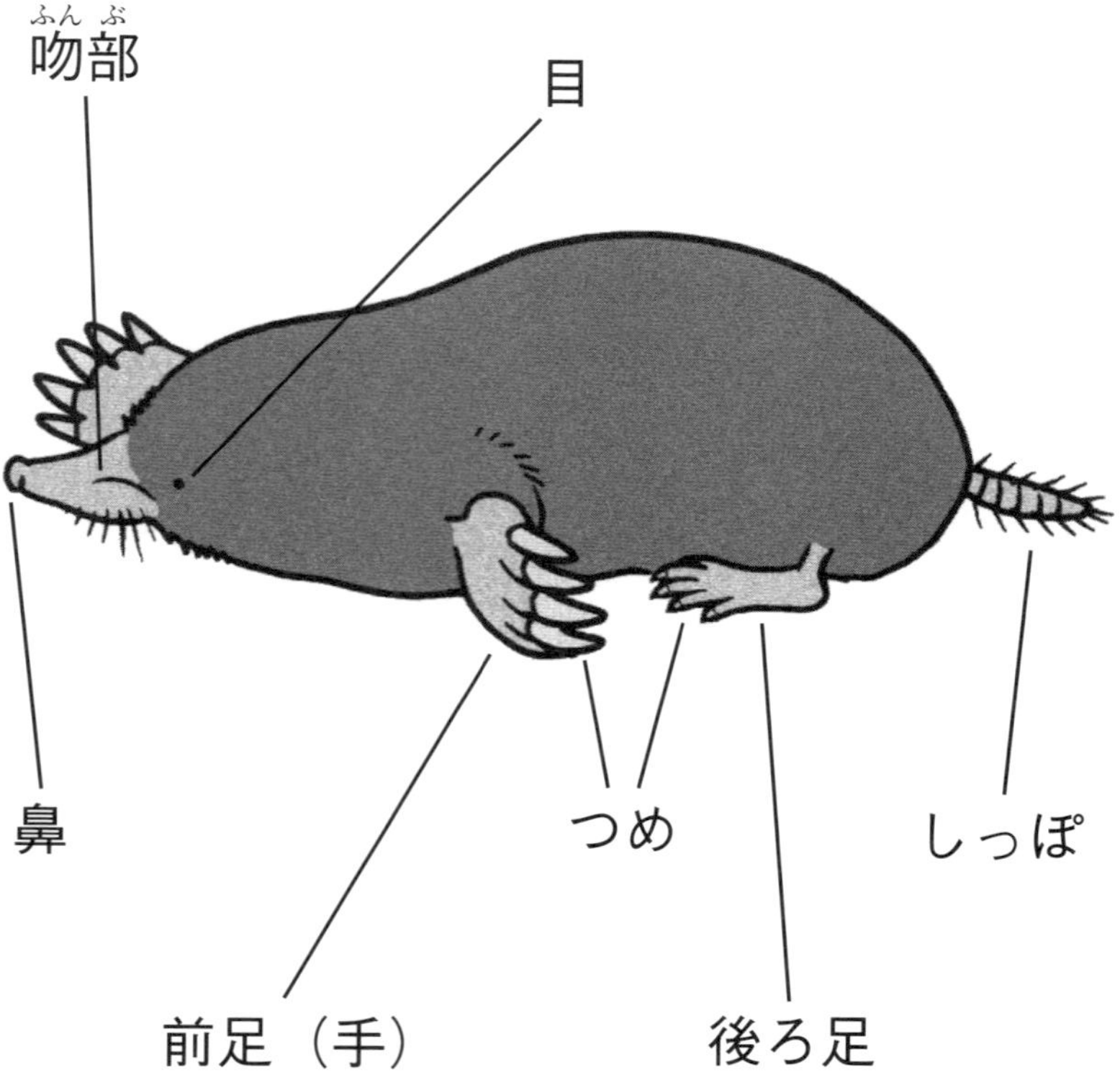

さあ、それではさっそくページをめくってみましょう。

第1章　モグラには　なぞがいっぱい

モグラってどんな生き物?

まずは、モグラがどういう生き物なのかについて説明《せつめい》していきましょう。

モグラはぼくたちと同じほ乳類《にゅうるい》の仲間《なかま》です。ほ乳類は卵《たまご》ではなく、赤ちゃんを産《う》みます。そして、「ほ乳」という名前のとおり、お母さんのおっぱいを飲んで大きくなります。

「そうか、モグラはぼくたちに近いんだ」

そう思ったきみ、いえいえ、ほ乳類といってもいろいろな動物がふくまれます。きみの家にもいるかもしれないイヌやネコから、ウシやウマといった大きな動物もほ乳類です。

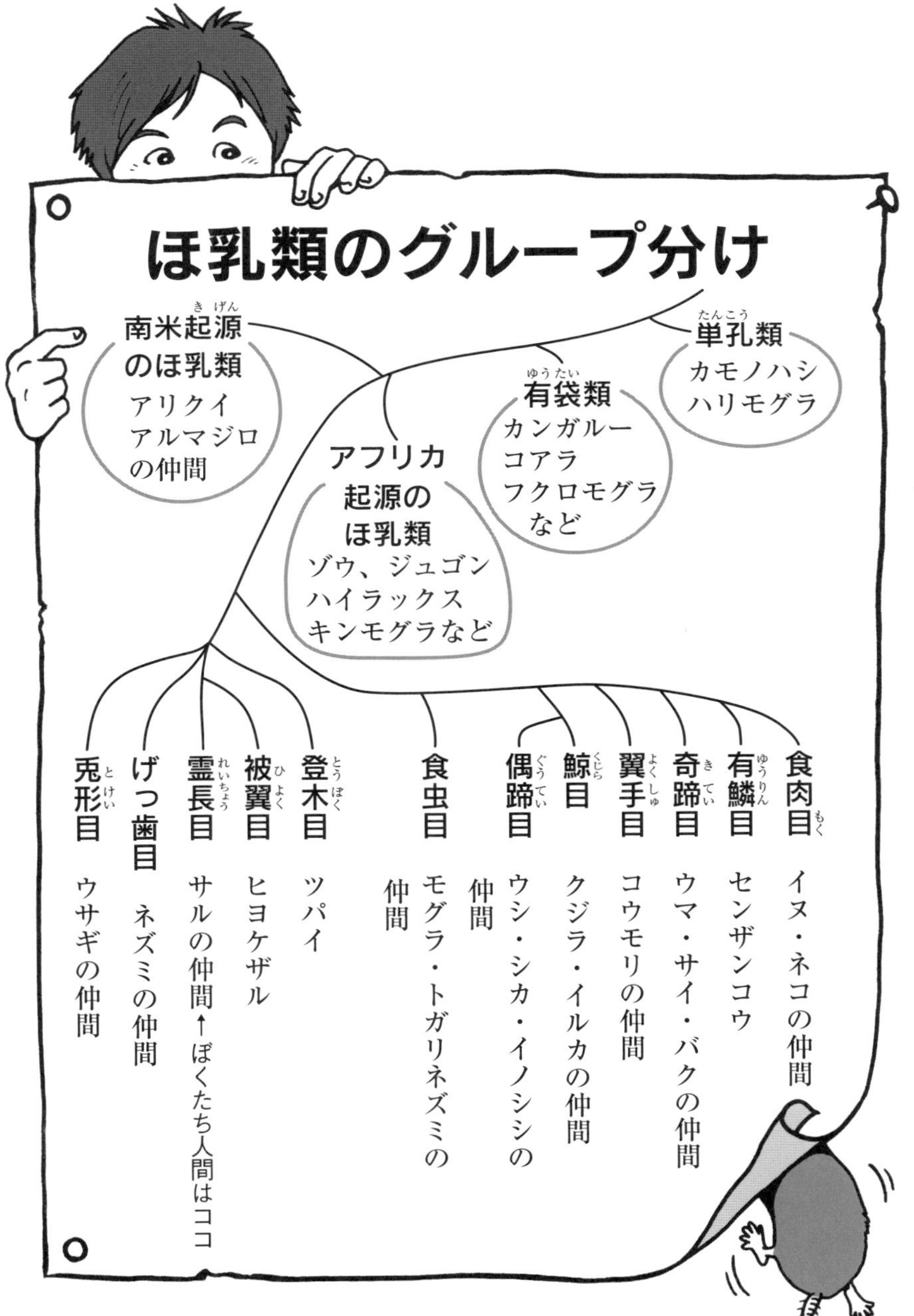

ほ乳類のグループ分け
南米起源《きげん》のほ乳類
アリクイ
アルマジロの仲間
単孔《たんこう》類
カモノハシ
ハリモグラ
有袋《ゆうたい》類
カンガルー
コアラ
フクロモグラ
など
アフリカ起源のほ乳類
ゾウ、ジュゴン
ハイラックス
キンモグラなど
食肉目《もく》 イヌ・ネコの仲間
有鱗《ゆうりん》目 センザンコウ
奇蹄《きてい》目 ウマ・サイ・バクの仲間
翼手《よくしゅ》目 コウモリの仲間
鯨《くじら》目 クジラ・イルカの仲間
偶蹄《ぐうてい》目 ウシ・シカ・イノシシの仲間
食虫目 モグラ・トガリネズミの仲間
登木《とうぼく》目 ツパイ
被翼《ひよく》目 ヒヨケザル
霊長《れいちょう》目 サルの仲間←ぼくたち人間はココ
げっ歯目 ネズミの仲間
兎形《とけい》目 ウサギの仲間

その中でもモグラの仲間《なかま》は、昆虫《こんちゅう》やミミズといった、いわゆる「ムシ」を食べています。これを「食虫目《しょくちゅうもく》」とよびます。同じ食虫目にはトガリネズミという小さな動物や、丸くなるとクリのようになるハリネズミがいます。

トガリネズミやハリネズミには「ネズミ」という名前がついていますが、正確《せいかく》にはネズミではありません。ネズミは食虫目とはべつの「げっ歯目」というグループに入ります。「まぎらわしいなあ」と思ったら、食べ物に注目してみましょう。食虫目はムシを食べると書きましたが、ネズミの仲間は主に植物質《しつ》のもの（木の実や野菜《やさい》、植物など）を好《この》んで食べます。

ちょっと、これらの動物の口の中をのぞいてみましょう。きっと何か答えが見つかるはずです。

左の写真はモグラ・トガリネズミ・ハリネズミの上の歯を見たところです。そのとなりにある、ネズミの歯とくらべてみてください。ムシ食いのモグラたち食虫目は、ぎざぎざした形の歯をしていますね。

食虫目

モグラ

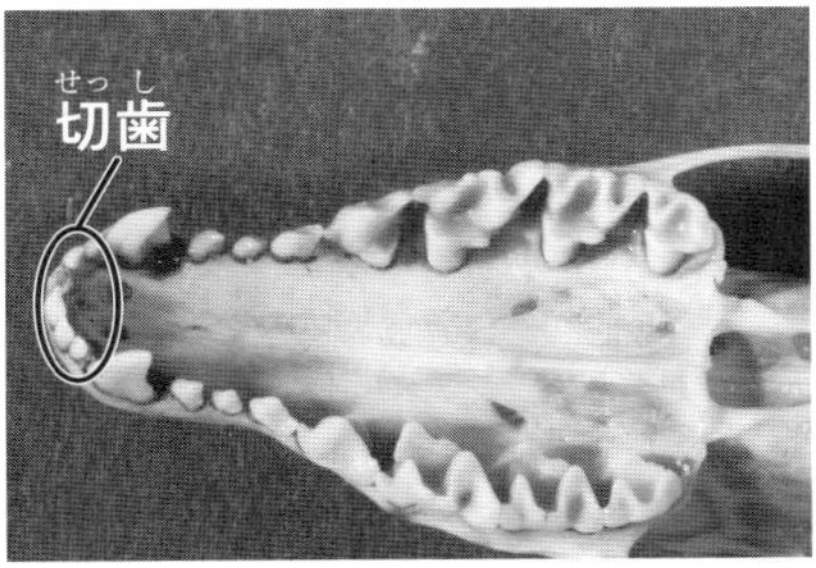

トガリネズミ

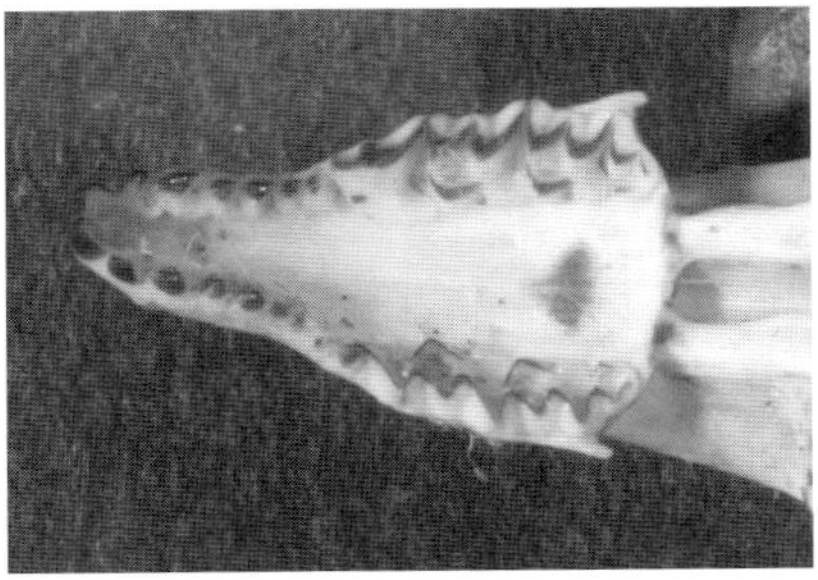

ハリネズミ

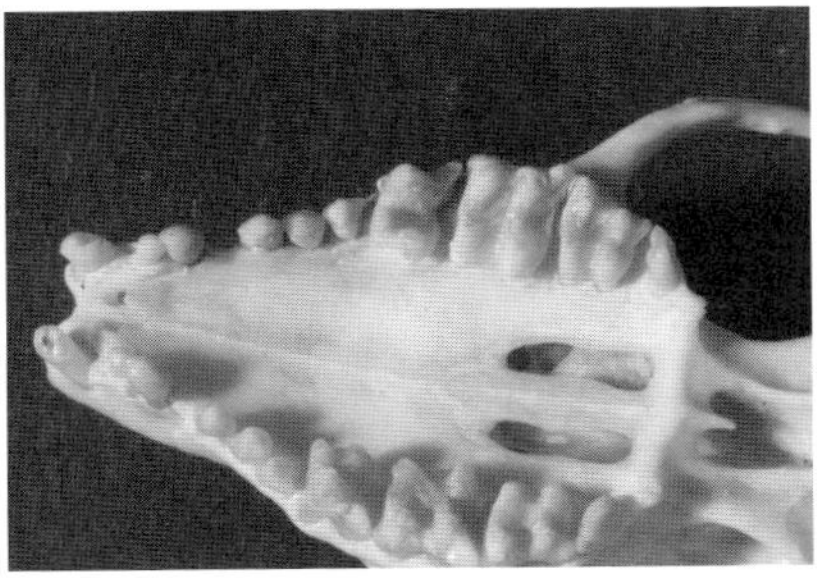

げっ歯目

ネズミ

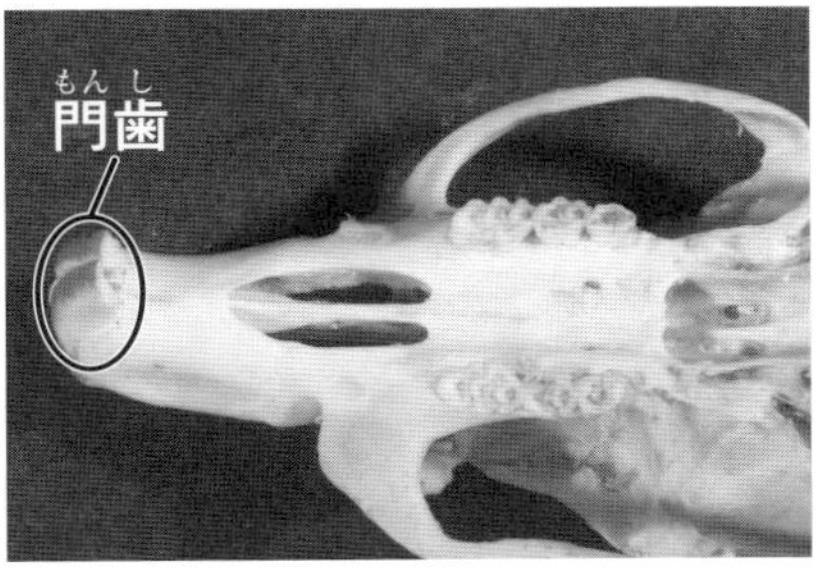

食虫目とげっ歯目の上あごの骨《ほね》。するどくとがった歯を持つ食虫目にくらべて、げっ歯目は歯の数が少なく、前歯と平たいおく歯で食事をします。

いっぽうでネズミの歯は平べったくて、歯の数も少ないのがわかります。ネズミらしく前歯（「門歯《もんし》」といいます）が出っぱっているのも特徴《とくちょう》です。食虫目《しょくちゅうもく》の歯がとがっているのは、昆虫《こんちゅう》などのかたいからをかみくだいて食べるためです。かみくだいたものは、だいたいそのままのみこんでしまいます。ネズミはとがった前歯でえさをかじり取って、それを平べったいおく歯で、すりつぶして食べます。ネズミの歯は、ぼくたちが使う「やすり」という道具ににていて、かたい植物の繊維《せんい》をすりつぶすのにぴったりです。

そういうわけで、モグラは食虫目の仲間《なかま》で、一番近いしんせきは同じムシ食いほ乳類《にゅうるい》のトガリネズミやハリネズミなのです。とはいっても、モグラの仲間にも、いろいろなすがたのものがいます。きみが想像《そうぞう》するモグラは、どんな形でしょうか？　手が大きくて、しっぽが短い、つつのような体つきをしているものがうかびましたか？　細かい体の説明《せつめい》は後に書くとして、もう少しくわしくモグラの仲間を見てみましょう。

モグラの独特《どくとく》な体つきは、土の中でトンネルをほって生活するのにぴったりです。ところが、モグラの仲間には、トンネル生活だけではないものもいます。それは、日本の野山にもすんでいるヒミズという動物です。

ヒミズはモグラの仲間でありながら、手は小さくて、長めのしっぽを持っています。トンネルをほるのはそれほどうまくなく、むしろ、落ち葉の下をもぞもぞと動きながら、えさをさがします。先ほどのトガリネズミに、にた形をしているといってよいでしょう。

そのほかにも外国には、もっとしっぽが長くてネズミのような形をした、モグラの祖先《そせん》に当たるミミヒミズや、水の中でも活動できるデスマンという動物もいますが、これは次の章でしょうかいしましょう。

一口《ひとくち》にモグラといっても、いろいろな場所で生活できるメンバーがいるのです。こういうのを「多様性《たようせい》」というので、覚《おぼ》えておきましょうね。

目は見える？　見えない？

モグラがどういう生き物なのかがわかったところで、モグラの体をてってい的《てき》に観察《かんさつ》してみましょう。体の特徴《とくちょう》がどういう意味を持っているのか、なぞときです。まず、モグラといえばサングラス……。

いえいえ、モグラはサングラスなんて、かけていません。そもそも、目が見えないのです。目が見えていないのに、サングラスは必要《ひつよう》ないですよね。

見えないといっても、ちゃんと目はあります。左の写真を見てください。黒い点がうすく見えます。ぼやけた感じに見えるのは、うすい皮ふでおおわれているためです。これは日本など、アジアのモグラに共通《きょうつう》の特徴です。ヨーロッパやアメリカには、目が開いているものもいるのです。

では、目がとじているのはなぜでしょうか？　モグラの生活の場所を考えてみましょう。かれらは、土の中にトンネルをほって生活していますよね。そこは、どんな環《かん》境《きょう》でしょう。そう、真っ暗です。

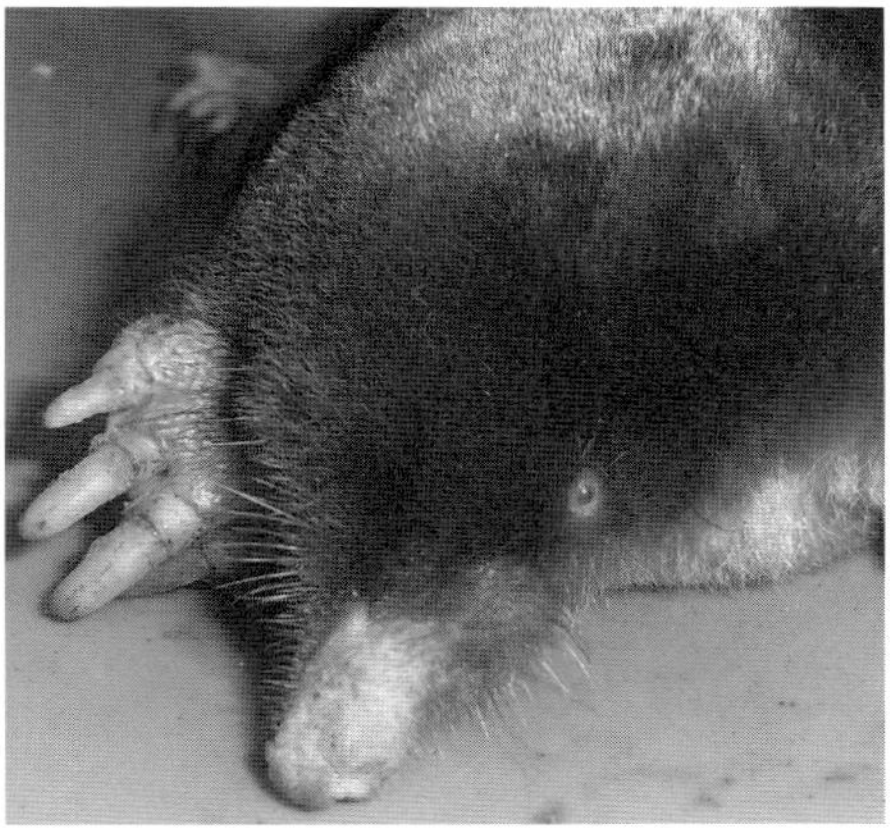
小さな目があるのがわかりますか？

真っ暗と聞いて、夜の暗がりを思いうかべたきみは、本当の真っ暗がどんなものか、わかっていないかもしれません。明るいところからやみ夜に出ると、最初《さいしょ》は何も見えませんが、だんだんと、もののりんかくなどが見えるようになります。これをむずかしい言葉で、「暗順応《あんじゅんのう》」といいます。これは、ぼくたちの目が、やみ夜にそんざいする、わずかな光を感じるようになることで起こるのです。

ところが、モグラたちが生活している土の中は、光がまったくとどかない環境《かんきょう》です。太陽の光は、あつい土のかべにさえぎられてしまいますし、もちろん街灯《がいとう》もありません。光がとどかない環境で目が見えても、しかたがないですよね。だから、地中での生活に適応《てきおう》していくかていで、目は皮ふの下にうもれてしまうようになったようです。

では、モグラは「見る」ことをしないのでしょうか？　何も見ずに生活することなんて、できるのでしょうか？

モグラはものの形や周囲《しゅうい》の様子を、鼻先で見ているようです。鼻先にはぼくたちにはない、特別《とくべつ》なそうちがびっしりとついています。このそうちは光を感じるのではなく、ゆれを感じるのです。これは「アイマー器官《きかん》」とよばれるもので、とても弱い感触《かんしょく》やゆれを感じて、脳《のう》に伝《つた》えます。ある種《しゅ》のモグラには、このそうちが鼻先に数万個《すうまんこ》もついていて、方向やもののかたさなど、さまざまな情報《じょうほう》がわかるのだといわれています。

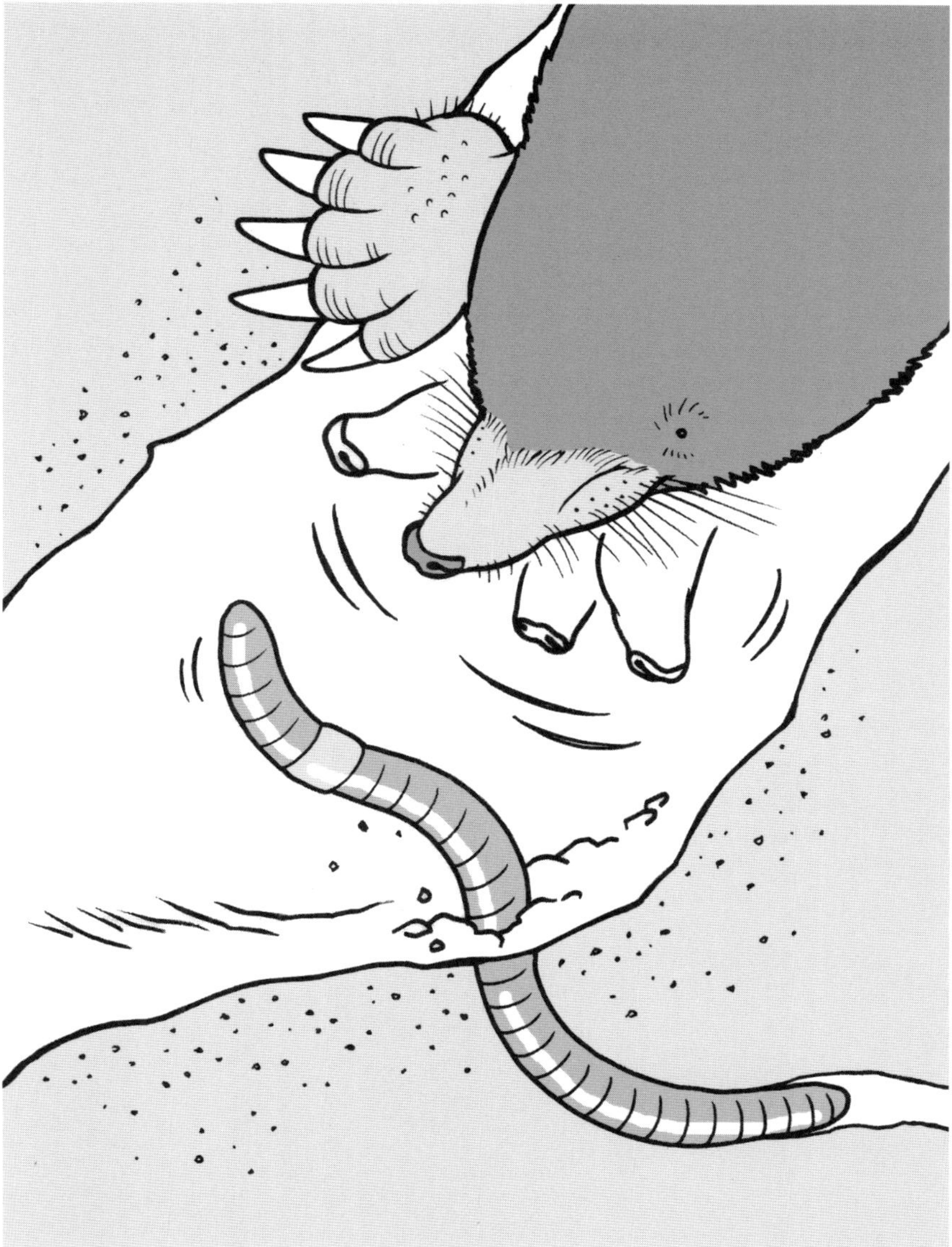

「そんなことができるわけない！」

と思ったきみも、目かくしをして手さぐりでものを見つけたときに、ものの感触《かんしょく》、大きさ、かたさなどから、自分が部屋《へや》の中にある何をさわっているのかが、想像《そうぞう》できるのではないでしょうか。モグラの感覚《かんかく》は、それをはるかにこえる、すばらしいものなのです。じっさいに、生きているモグラやヒミズを観察《かんさつ》していると、しきりに鼻先を動かしては、えさをさがしているのが見てとれます。モグラは真っ暗なやみの世界で、鼻先の感覚をたよりに、手さぐりならぬ「鼻さぐり」の生活をしているのです。

ほかにも、ぼくたちが目かくしをしているときに、たよりになる感覚のひとつに「におい」があります。これはどうでしょうか？

実は、モグラがどれくらい、においの感覚をたよりにしているのかは、よくわかっていません。人によっては、

「モグラは鼻がよくきくから、畑に薬をうめておけばやってこない」

といいますが、どうなのでしょうか。

モグラを飼育《しいく》してえさをやると、においにそれほどすばやく反応《はんのう》するようには見えません。むしろ、えさを動かして振動《しんどう》をあたえてやると、近づいてきて、食べられるものかどうか鼻先で調べてから食べ始めるように、ぼくは感じています。

もし生きているモグラを見つけたら、においに対してどんな反応をするか、ぜひ調べてみてください。

しっぽの役割《やくわり》

モグラのもうひとつの特徴《とくちょう》は、短いしっぽでしょう。さて、なぜしっぽが短いのでしょうか?

これも、トンネル生活と関係《かんけい》があります。モグラは体にぴったりなトンネルで生活しています。すでに書いたように、モグラは感触《かんしょく》を手がかりに生活している生き物で、鼻先以外《いがい》では、体の毛がふれる感覚《かんかく》も大切なようです。そこで、自分の体にぴったりなトンネルをほって、体の周囲《しゅうい》に生えている毛が、かべにふれるようにしています。おそらく、この方がトンネル内の様子が、よく「見える」のでしょうね。

ところが、体にぴったりなトンネルの中では、いくら体をよじろうとしても、ぎゃくむきに方向をかえることができません。こまりました。しかたなく、モグラはいろいろな場所にT字路を作って、ここで車の車庫入れをするようにして、進む方向をかえています。

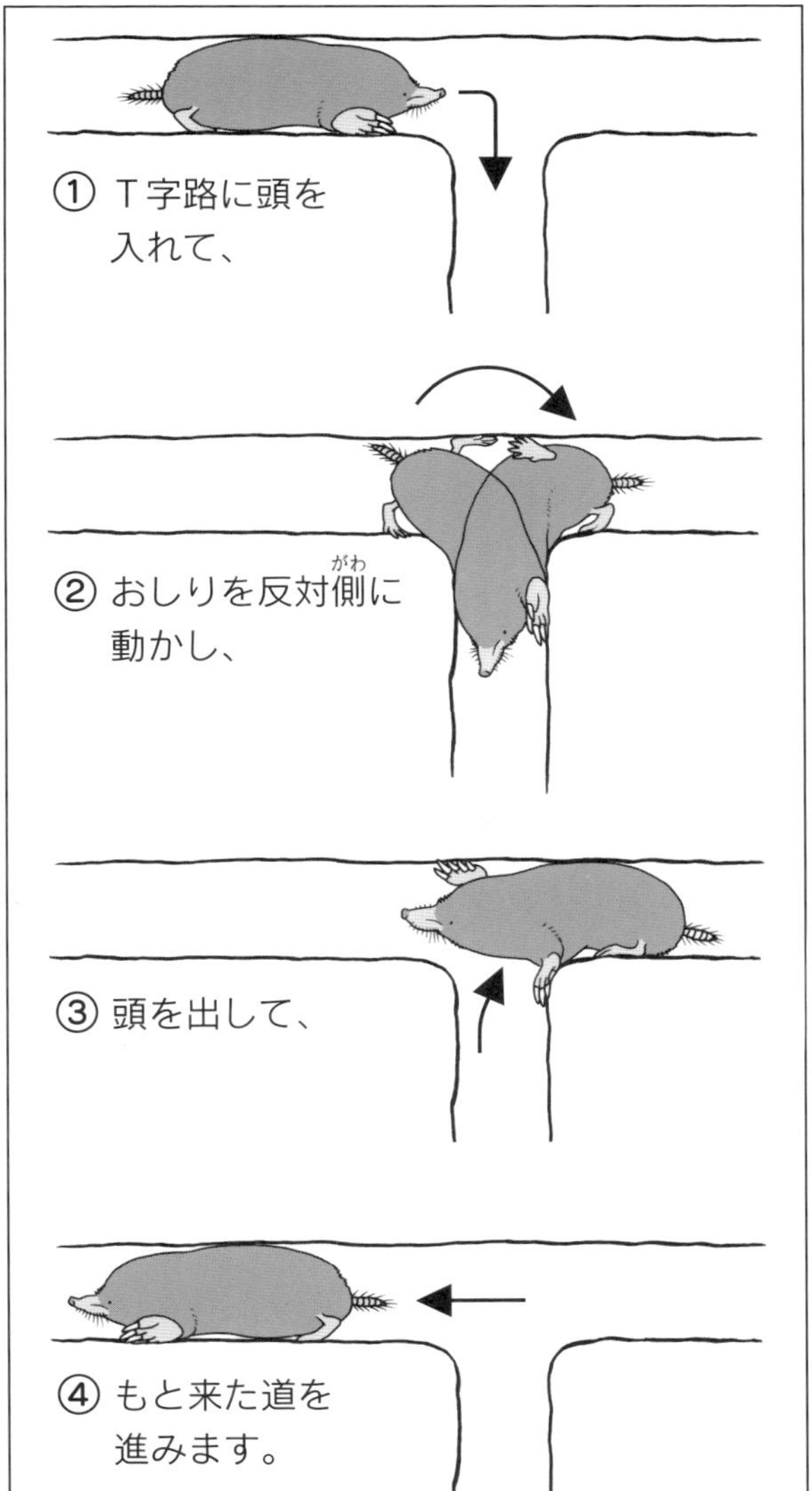

① T字路に頭を
入れて、
② おしりを反対側《がわ》に
動かし、
③ 頭を出して、
④ もと来た道を
進みます。

それでは、T字路にたどり着く前に、緊急《きんきゅう》のじたい（たとえば、ぼくがこのモグラをほり起こそうとしてシャベルをつっこんだ）が起こったときは、どうするのでしょうか？　このときには、前に進むのと同じくらいの速さで、後ろへ進むことができます。モグラはびっくりすると、かならず後方へにげるようです。こわれているかもしれないトンネルの前方へにげるよりは、通ってきた後方へにげた方が安全だということを、体で覚《おぼ》えているのでしょうね。

このとき、しっぽが長かったらどうでしょう。自分のしっぽをふんづけて、うまく後ろへ行けないかもしれません。せまい空間で、長いしっぽはじゃまになります。後ろむきに、速いスピードでにげるなんてことは、できません。だから、モグラのしっぽは短くなっている、と考えられています。

モグラ以外《いがい》にも、世界には、土の中でくらす小ほ乳類《にゅうるい》がたくさんいます。それらの種《しゅ》はほとんどみんな、短いしっぽを持っています。つまり、しっぽが短いという特徴《とくちょう》は、土の中での生活にとても合っているのです。

それじゃあ、しっぽなんて、なくなればいいんじゃないの、って？　たしかに、そのとおりです。でも、ぼくがこれまでに調べてきたモグラの中で、完全《かんぜん》にしっぽがなくなっているものはありません。一番短いもので、四から五ミリメートルくらいの、外見からはほとんどわからないような、しっぽを持つものがいます。なぜ、こんなしっぽが残《のこ》っているのでしょうね。

しっぽが一五ミリメートルくらいの日本のモグラの場合、かれらがトンネルの中を進む映像《えいぞう》を見ると、ときにしっぽでトンネルの天井《てんじょう》などにふれながら、移動《いどう》するのが見てとれます。どうやら、体全体でゆれを感知するモグラは、しっぽの毛までも、感覚《かんかく》そうちとして利用《りよう》しているようです。

ところが、しっぽが四、五ミリメートルでは、おしりから生えている毛よりも短いので、こんなものが役に立つとは考えにくいからです。もしかしたらこのモグラのしっぽには、ほかにも何か役割《やくわり》があるのかもしれません。あるいは、いずれ本当にしっぽがないモグラに進化するのかもしれませんね。

小さなショベルカー

次の特徴《とくちょう》は、手です。モグラの独特《どくとく》な大きな手、これはどんな役割《やくわり》を持っているのか、わかりますか？　もちろん、その形からも想像《そうぞう》できるように、強力なスコップとして土をほる機能《きのう》があります。ただしこのスコップは、かなり工夫《くふう》がこらされたものですよ。

ぼくたちほ乳類《にゅうるい》には、ふつう一本の足に五本の指があります。種類《しゅるい》によっては馬のように一本だけのものなどもありますが、これは五本の指が数をへらしていった結果《けっか》です。数がへるいっぽうで、五本よりふえているものはいません。指の数には体がつくられる段階《だんかい》で、五本をこえてはいけないというルールが、そんざいするのです。

モグラの手を見てみると、つめをふくまない長さとはばが、ほとんど同じくらいになっています。ぼくたちの手とくらべると、ぜんぜんちがう形ですね。そして、長いつめは一本一本がじょうぶなアーチ型《がた》になっていて、先がするどく、土をかきくずすのに便利《べんり》そうです。大きな手のひらは、くずした土をいっきにどけるのに適《てき》した形をしています。

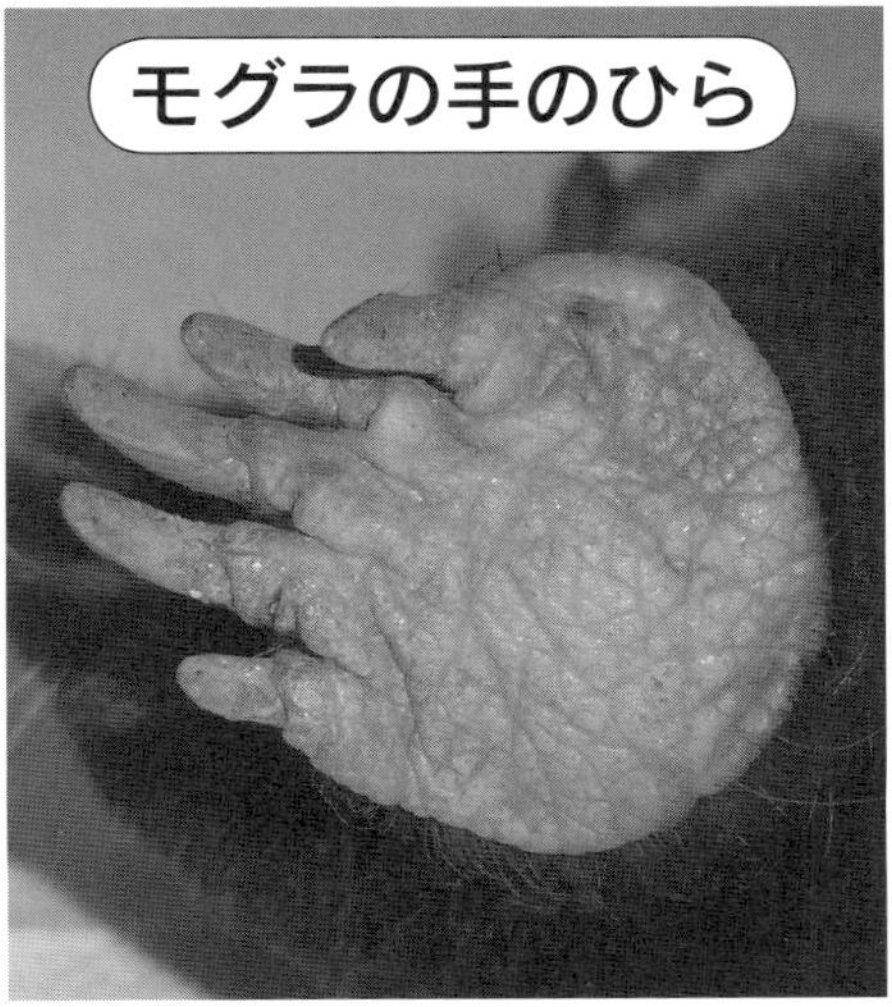

大きくて、ぶあつい手のひら。

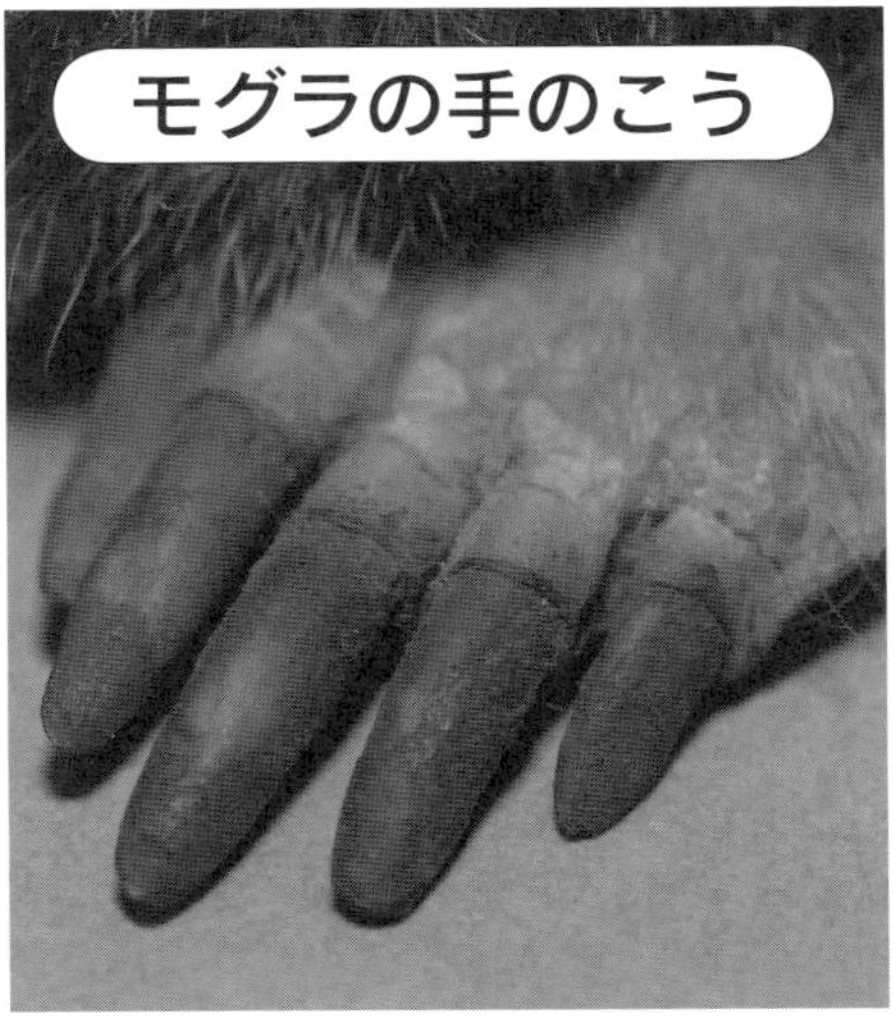

この長いつめで土をほります。

では、このはばの広い手のひらは、どのようにしてできているのでしょうか？　骨《ほね》を観察《かんさつ》してみましょう。見てのとおり、モグラのかた手には、ぼくたちと同じ五本の指があります。指の長さは太く短めですが、それだけでは十分に土をどけられないようです。

そこで、モグラはひみつの第六の指を持っているのです。手首から親指のわきに、長い鎌《かま》のような形の骨が出ているのが見えますね。これは、その形から「鎌《かま》状骨《じょうこつ》」といわれるものです。もともとは、手首を形作る骨のひとつだったと考えられていますが、おそらく手の面積《めんせき》を広げるために、このように長い骨になって、親指側《おやゆびがわ》の面積をおぎなっているのです。

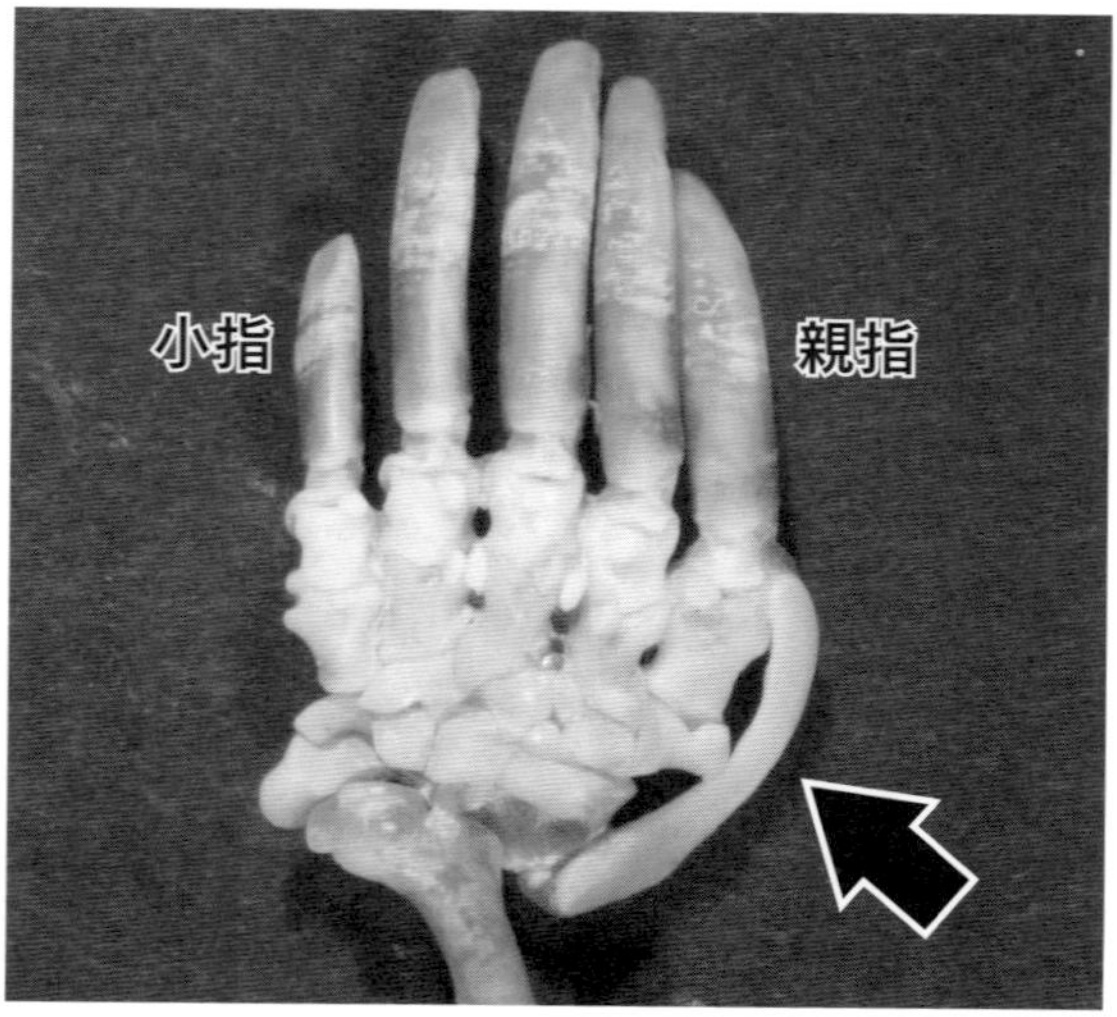

矢印《やじるし》が「鎌状骨」です。大きな手のひみつはこんなところにありました。

＊同《おな》じ穴《あな》に複数《ふくすう》のモグラはいません。

トンネルをほるときにはまず、このしっかりとしたつめで土をかきくずし、それを体の両側に出ている両手で、後方へ送ります。モグラの鼻から目にかけて（「吻部《ふんぶ》」といいます）の上側は、皮ふがかたくなっていて、毛が生えていません。この部分を上におしあげるように使って、くずれた土をトンネルの上におしつけてかためます。

こうしてトンネルをほっていくと、かきくずした土が後ろの方にあまってしまいますね。そこでときどき、トンネルから地上へわき道をほり、土を外におし出してすてます。

きみも春先や秋深まったころに、公園などで、しばふにこんもりした土の山ができているのを、見たことがあるのではないでしょうか？　これは「モグラ塚《づか》」とよばれるもので、モグラが地上に土をすてたあと（口絵の一ページを見てください）。モグラ塚は、よく地上への出入り口とごかいされますが、そうではないのです。つまり、モグラ塚の前で、ハンマーを持っていつまで待っていても、「モグラたたき」はできません。

じっさいにモグラ塚をほり返してみると、その下にはしっかりと土がつめられていて、とてもすぐにモグラが出てくることはなさそうです。もう少しほってみると、とつぜんトンネルが口を開け、その下は、地上に平行なトンネルへとつづくT字路があるのがわかるはずです。

モグラが土をほってトンネルを作る速さは、とてもゆっくりしたものです。アニメなどの世界では、地面をもりあげながら、ボコボコとものすごいいきおいで、ほるすがたがえがかれますが、そんなことはしません。あさい場所にトンネルを作るときには、畝《うね》を作りながらほりますが、少しずつゆっくりと安全をかくにんしながら、進めていくのです。

地中はモグラにとって安全なすみか。地上付近《ふきん》をほるときは、さまざまな肉食動物にほっていることろが丸見えです。だから、敵《てき》におそわれないように、少しずつやるのですね。

※畝　畑に作物を植えるために、土をもりあげた部分。

トンネルの中へご案内《あんない》

では、いよいよトンネルの全体にせまってみましょう。地中にはりめぐらされたトンネルには、「主道」とよばれる日常的《にちじょうてき》に使われる通路と、「側道《そくどう》」とよばれるえさとり用にときどき使う通路があります。

ふつう側道は、あさいところに作られることが多いようです。地上をもりあげて進んでいるようなトンネルや、部分的にこわれて穴《あな》が開いているようなトンネルは、側道です。モグラは大食いなので、毎日同じ場所をえさ場にしていては、あっという間にえさ不足《ぶそく》になってしまいます。だから、いくつかのえさ場をもうけて、それらをかわるがわる利用《りよう》しているのでしょう。

そして、それらのえさ場としての側道どうしをつないでいるのが、主道です。これはおそらく、巣《す》からつづく、一本の巡回路《じゅんかいろ》になっているのだろうと思います。モグラは、この主道を一日に三回ほど利用するので、観察《かんさつ》するのにはこちらが適《てき》しています。

そこで、主道の前でじっと観察していると（わりばしなどをさして動くのを見て、モグラが通るのをかくにんするわけです）、モグラは一度その場所を通ったら、その後、数時間はそこを通ることはありませんでした。つまり、巣を出てから主道をぐるりと一回りしつつ、とちゅうにほったえさ取り用の側道へより道しながら、また巣にもどってくるというコースで、活動しているようなのです。

ではトンネルは、いったいどれくらいの長さがあるのでしょうか？　そして、深さはどれほどでしょうか？

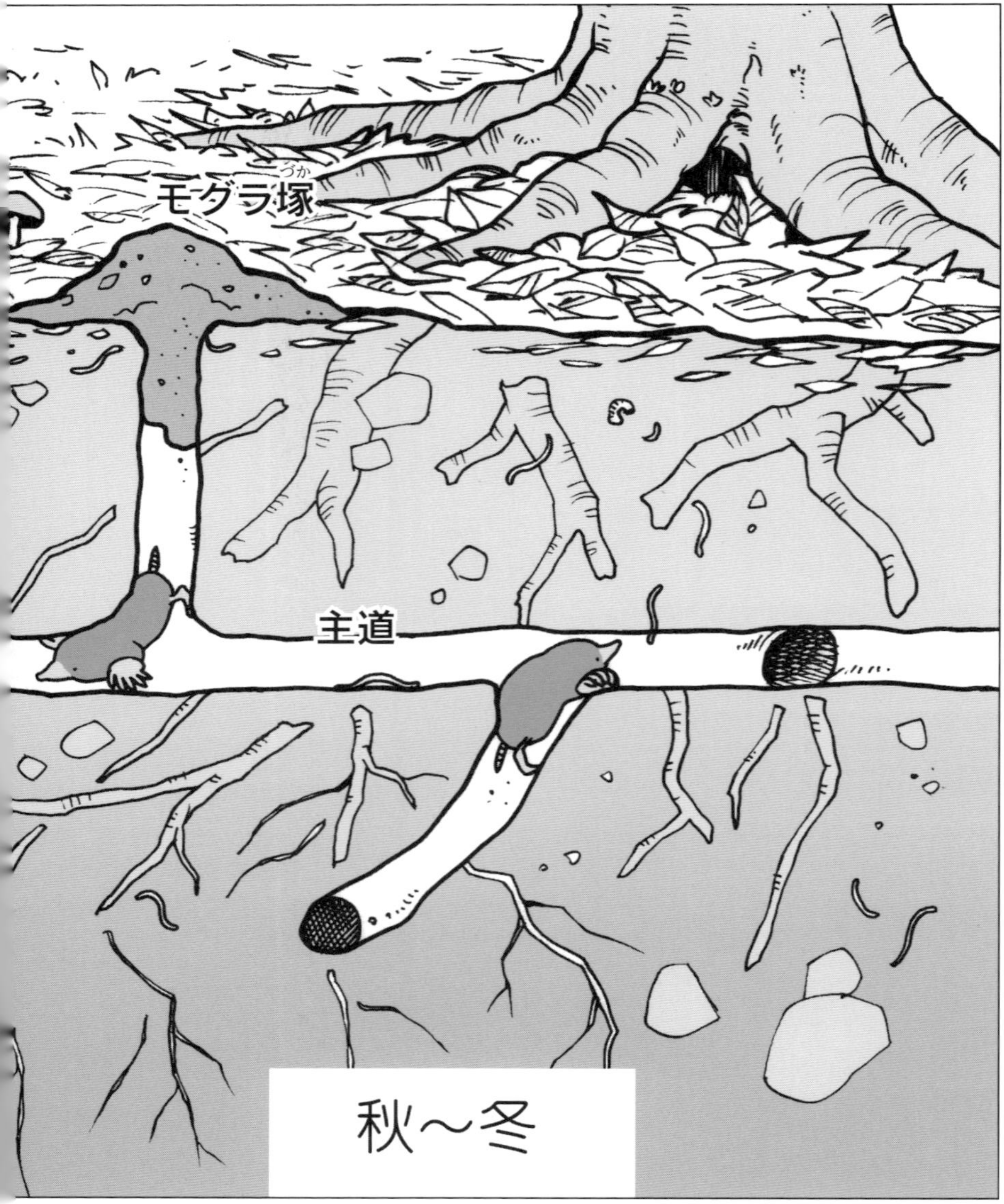
モグラ塚《づか》
主道
秋〜冬

＊同《おな》じ穴《あな》に複数《ふくすう》のモグラはいません。

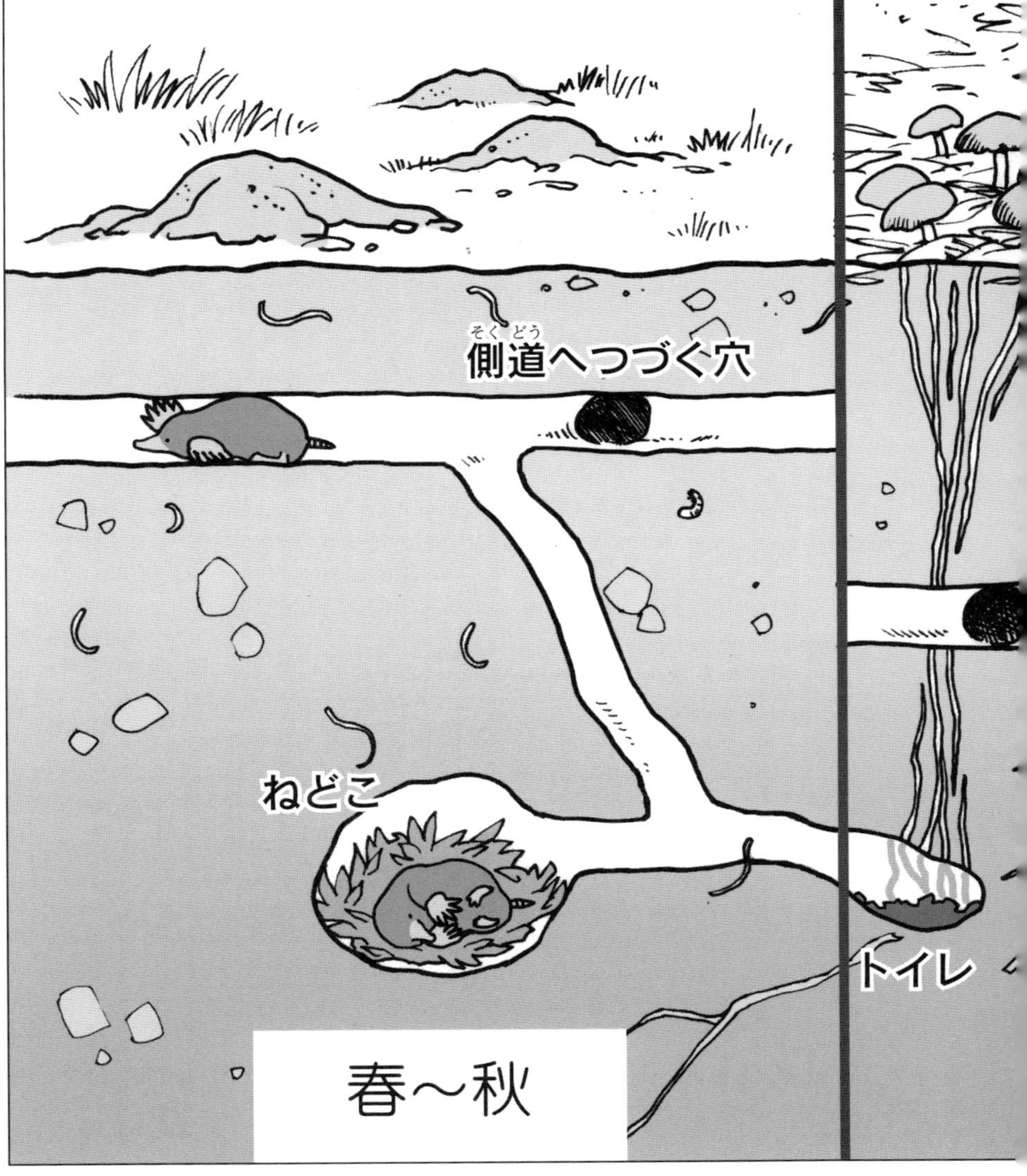

トンネルをすべてほり返した人はいないので、正確《せいかく》な長さをいうのはむずかしいのですが、かつて、ぼくが牧場《ぼくじょう》で三〇メートルくらいの長さのトンネルをほり返したときには、それはかれの（あるいは、かのじょの）トンネルのごく一部だったようです。ほり返した中で巣《す》は見つかりませんでしたし、そのはしは、べつの主道につながっていました。

トンネルの深さは、季節《きせつ》によってちがうようです。夏は、ひかく的《てき》あさい地下一〇センチメートルくらいの場所にたくさん見られます。ところが、冬の寒い時期には二〇センチメートルから三〇センチメートル、あるいはもっと深いところにトンネルをほっています。これは、冬はモグラにとっての食りょうであるミミズや昆虫《こんちゅう》などが、あさいところには少なくなるためだと考えられています。

また巣を作るのは、地下五〇センチメートルくらいの木の根元など、なるべく水はけがよいところが多いようです。モグラは、そこに落ち葉を運びこんでボール状《じょう》の巣を作り、ねどことして使います。何さつかの本には、モグラの巣に出入り口が二つある様子がえがかれていますが、本来はひとつしかありません。

巣の入り口近くにはT字路があり、その先の行き止まりになる部分を、トイレとして利用《りよう》します。モグラはこの場所にたどり着くと、T字路を使って方向をかえて、行き止まりにおしりをつっこみ、しっぽを持ちあげて黒い絵の具をチューブから出したようなふんをします。このトイレから、ある種《しゅ》のキノコが生えるという話も有名です。キノコは、モグラのふんを栄養分《えいようぶん》として成長《せいちょう》します。モグラのトンネル内を、きれいにしてくれているのです。

ミミズの食べ方

さて、少し前に、ぼくは「モグラが一日三回ほど主道を利用《りよう》する」と書きました。これはどういうことでしょうか？

モグラにとっての一日（起きてからねて、また起きるまで）というのは、ぼくたちと同じ二四時間ではありません。モグラは二四時間の間に、三回の活動サイクルを持っています。おおざっぱにいうと、「四時間ねて、四時間活動する」ことを、ぼくたちの一日に、三回くり返していることになります。ただ正確《せいかく》には、モグラは活動時間の間にもちょっと休けいしたり、きっちり四時間ねたりするわけではないらしいこともわかっています。

活動の時間帯《じかんたい》は、どうやら個体《こたい》によってちがっているようで、ぼくの経験《けいけん》からすると、早朝（朝六時ごろ）と昼ごろ（昼一二時ごろ）と夜中近く（夜一〇時ごろ）に、活動の中心となる時間があるようです。なぜか、この時間帯にモグラがつかまることが多いのです。

モグラがミミズを食べているすがたは、とてもきみょうです。ミミズを見つけると、まず鼻先でさぐりながら、ミミズの頭をさがします。そして頭からかじりつきますが、このときにたいてい、手の親指と人さし指の間にミミズをはさんで食べるのです。半分くらい食べると、いったんミミズを手放し、今度はおしりの方を鼻でさぐって、そちらから食べ始めます。このようにすると、ミミズの切れ

た体の部分から、土やふんを上手にしごきながら食べることができます。指の間にはさむのは、ミミズがあばれないようにするとともに、よぶんなものを取りのぞきながら食べることに役立っているようです。

「?」だらけの出合いと子育て

モグラは年中、活発に活動しています。

「冬は冬みんするんじゃないの?」

と思うかもしれませんが、モグラのすみかである土の中は、地上よりも温度が安定した世界です。夏はすずしく冬はあたたかい、クーラーもストーブも必要《ひつよう》ない理想的《りそうてき》なすみかなのです。なんてエコな生き物なのでしょう。そのかわり、冬は少し深い場所にトンネルをほって生活するようです。きっと地中深くにいる方が、冷《つめ》たくなった空気のえいきょうを、受けにくいという理由もあるのでしょう。

それでは、もっと寒い地域《ちいき》にいるモグラは、どうでしょうか? ロシアにいるモグラは一・五メートルもつもった雪の下で、やはり冬みんせずに活動しているといわれています。モグラは秋が深まって寒くなってきたころに、土深くトンネルをほり始めるようです。秋から冬にかけて、ほった土を地上にすてるので、モグラ塚《づか》がたくさん見られるようになるのです。

冬の終わりになると、モグラにとって、年一回の出合いの時期がやってきます。モグラはなわばり意識《いしき》がとても強い動物で、かならず一ぴきで活動しています。そのためオスとメスも、出合うとまだきょりがあるにもかかわらず、相手に気づき、警戒《けいかい》の音を出します。それでも、おたがいに場所をゆずらない場合は、はげしいけんかになってしまいます。

ところがオスとメスが出合わないことには、子孫《しそん》を残《のこ》すことができません。ぼくは、メスが交尾《こうび》できるようになる期間は、ごく短いのではないかと想像《そうぞう》しています。この時期に、おそらくメスは、トンネルのあちらこちらに、においをつけて、オスに「わたしは子どもを産《う》めますよ」ということを知らせるのでしょう。そしてその時期だけ、オスを受け入れて、子孫を残すのでしょう。

でも、オスとメスが出合って、子どもが生まれるまでのいきさつについては、まだよくわかっていません。モグラは飼育《しいく》していても繁殖《はんしょく》に成功《せいこう》したことがない動物なのです。

子育てについても不明《ふめい》なことだらけですが、少なくとも一回のお産《さん》で三びきから六ぴきの子どもを産むことはわかっています。生まれたばかりの子どもは、毛が生えていません。でも、手はすでにモグラらしく大きめです。

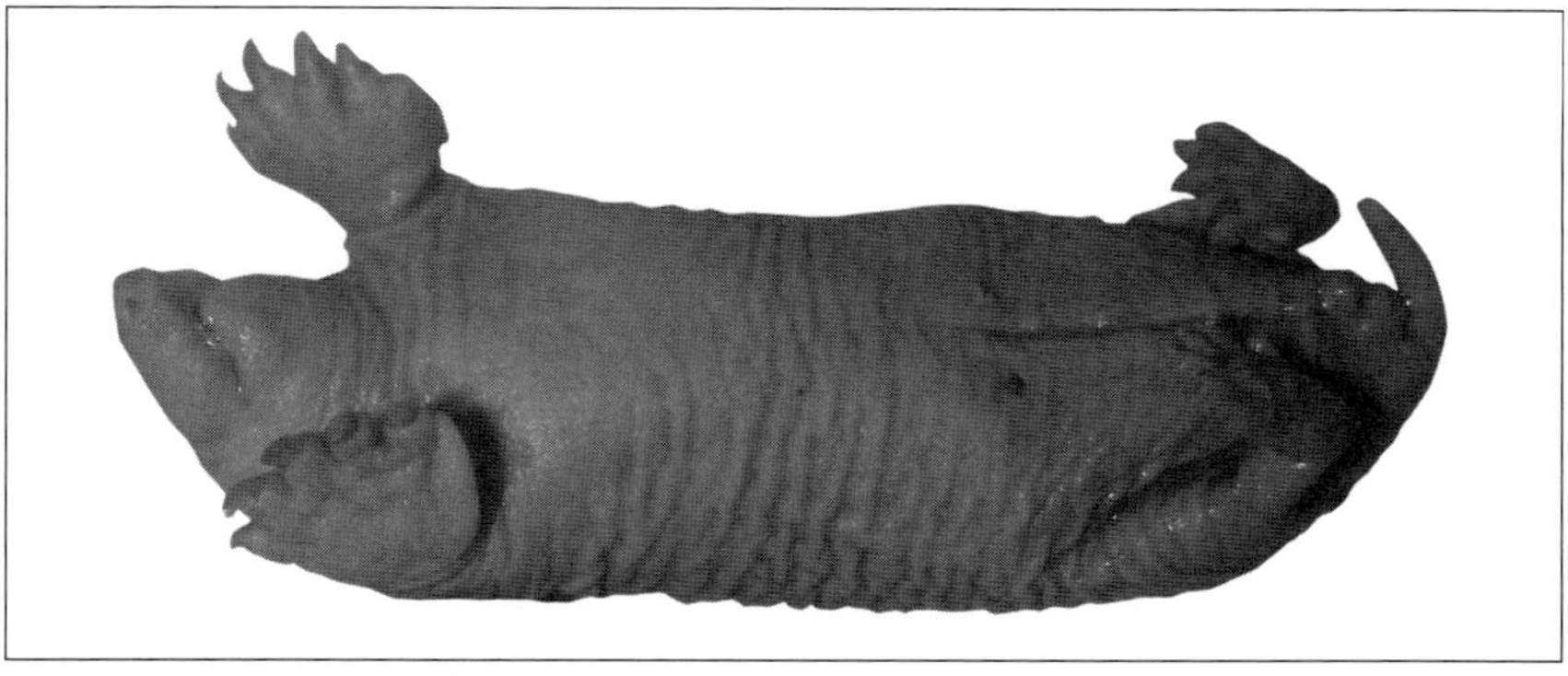

生後10日ほどのモグラの赤ちゃん。小さいころから、大きな手とじょうぶなつめを持っています。

子どもはお母さんのおっぱいを飲んで、ぐんぐんと成長《せいちょう》します。

生後三〇日ぐらいで大人の大きさに成長した子どもは、五月から六月ごろ、親元から巣立《すだ》ちます。といっても自主的《じしゅてき》に親ばなれをするわけではなく、母親が自分のなわばりからおい出すという形だと考えられています。

おい出された子どもは、しかたなく地上へ出て、自分のすみかをさがし回ることになります。このときが、ゆいいつ地上に出て移動《いどう》する時期なのでしょう。

地上は危険《きけん》がいっぱい

ところが、地上はモグラにとってとても危険な場所です。なぜならモグラの手は体の横に外側にむいてついていて、トンネルの中を進むときには、しっかりと横かべをふみしめることができますが、地上ではむねのあたりが地面についてしまい、じたばた動くことしかできません。そのため、この移動のときが、もっとも死亡率《しぼうりつ》が高いようです。

きみはモグラが道の上で死んでいるのを見たことがありませんか？　あれはたいてい、そういったわかいモグラが、親元をはなれて移動しているときに、敵《てき》にねらわれたものです。

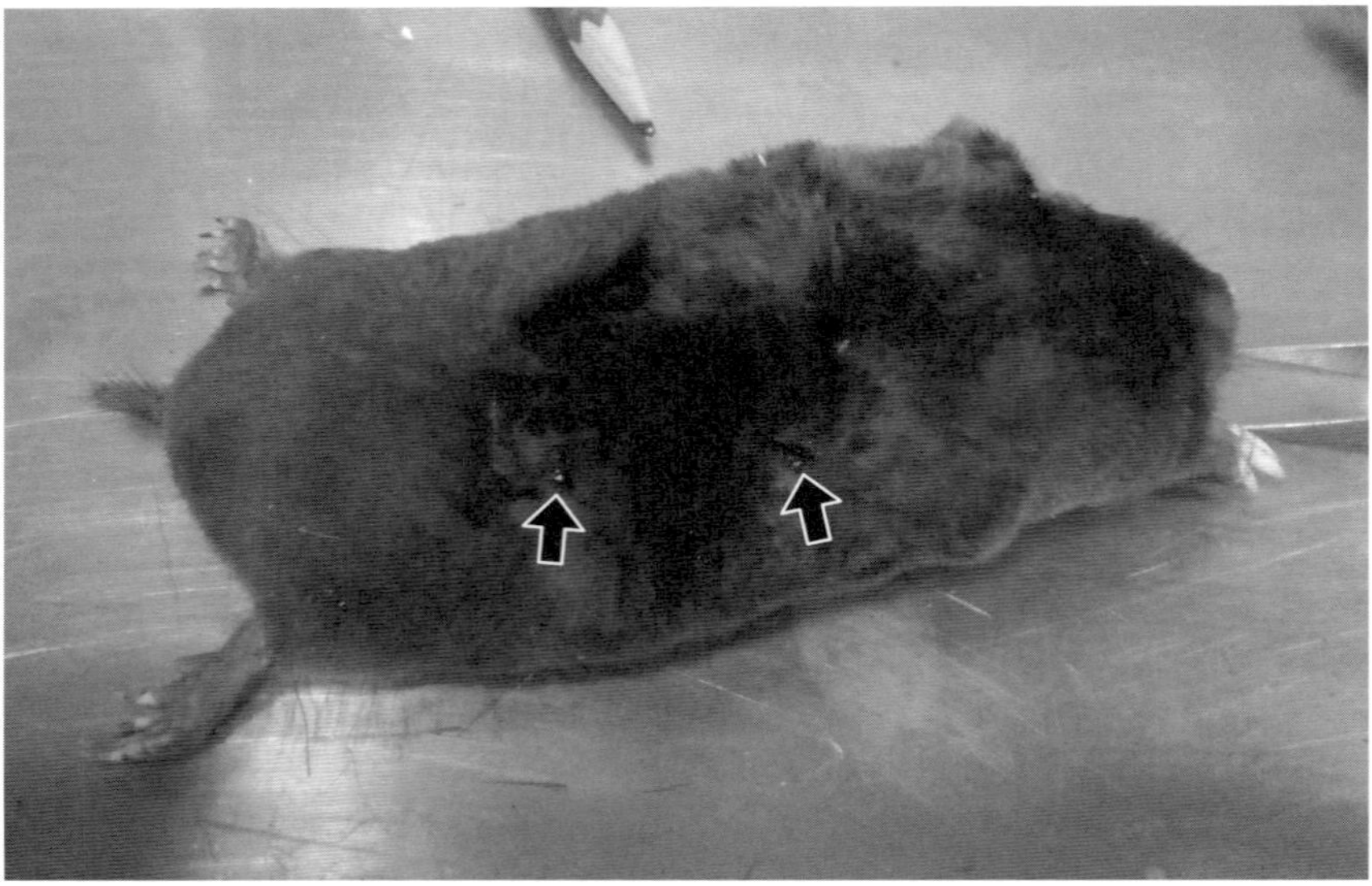

よく見ると、小さな穴が２つ開いているのがわかります。

モグラが死んでいたのがいつごろかを覚《おぼ》えていれば、たしかめてください。それは五月から七月の間ではなかったでしょうか？

ぼくは死んだモグラをもらって標本《ひょうほん》にして残《のこ》しています。標本を作るときには皮をはぐのですが（くわしくは一一六ページを見てください）、かならずといっていいほど、皮ふに小さな穴《あな》が開いています。これは肉食動物がかみ殺《ころ》した証拠《しょうこ》です。そして、体の骨《ほね》がどこかおれているのも見つかります。

モグラはするどい歯を持っていますが、この歯は年を重ねるにしたがってすりへっていきます。一年のうちで、春先に一度だけ子どもが生まれるので、歯のすりへり具合は、年ごとに段階的《だんかいてき》にちがってきます。これにより、だいたいの年齢《ねんれい》がわかります。

それでは、死んでいたモグラの歯を見てみましょう。すると、そのほとんどがとてもきれいな歯をしています。つまり、これらはわかいモグラで、しかも、その年に生まれた生後一、二か月といったところと考えられます。「わかいモグラが親からはなれてひとり立ちしたときに、肉食動物にかまれて死んだ」という仮説《かせつ》に、とてもうまく合うことになります。

そういうわけですので、「モグラは、光に当たると死んでしまう」というのは、迷信《めいしん》です。これは、地上では歩き回っているモグラを見かけないことや、見つけても死んでいる場合がほとんどであることからきているのでしょう。

地上に出るとモグラは死んでしまう、と考えてしまうのですね。でも、その死んだモグラたちを調べてみると、体のどこかにきずがあり、それが若者《わかもの》であることもちゃんとわかるのです。

では、道で死んでいたモグラは、なぜ食べられてしまわなかったのでしょうか？

多くの人は、「モグラがくさいから」というふうに説明《せつめい》しています。たしかに、モグラは独特《どくとく》のにおいを持っています。しかし、人が感じるにおいと、けものが感じるにおいはだいぶちがいますから、ぼくたちの感覚《かんかく》だけで説明してしまうのも問題があるように思います。

ぼくの知り合いは、モグラがかならず日当たりのよい道の、真ん中あたりの目立つ場所に置《お》かれているので、
「あれは、モグラをほしているのではないか」
と考えているようです。なるほど、ひものにすれば魚のようにおいしく食

べられる、というのは考えられなくもありません。

じっさいにタヌキのふんから、モグラの骨《ほね》が出てくることがあります。モグラが道ばたで死んでいるのは、たまたまそこを人がよく歩くから、見つかるだけなのかもしれません。でも、もしかしたら肉食動物は、モグラの死体を自分のなわばりの目立つところに置いて「ここは自分の場所だ」という自己主張《じこしゅちょう》に、使っているのかもしれませんね。

敵《てき》の正体

では、どんな生き物がモグラの敵になるのでしょうか？

候補《こうほ》はタヌキやキツネなどの肉食動物ですが、ペットのネコがモグラをつかまえてくるという話もよく聞きます。

でも、おそらくもっともこわい敵は、フクロウやワシ・タカ類《るい》です。目がとてもよいかれらは、木の上からモグラがトンネルをほっている（土が動いている）のをかくにんして、すばやく地上へ飛《と》んできて、土ごとモグラをつかまえてしまうそうです。サシバという「猛《もう》きん類」の巣《す》にカメラを仕かけて、ヒナにどんなえさをあたえるのかを調べてみると、モグラのひん度が高いという結果《けっか》がえられた、との話もあります。

また、フクロウの仲間《なかま》は食べたもののうち、消化できないものを丸めて口からはき出します（はき出したものを「ペリット」といいます）。この中にどんなものが入っているのかを調べてみると、モグラの骨《ほね》が出てくることが多いそうです。どうやら、肉食の鳥類はモグラのにおいも気にせずに、すぐに食べてしまうようですね。地中のトンネルでは、こういった肉食の鳥類におそわれないかぎり、モグラは安全にすごしているようです。

ところが、地中にも敵が入りこんでいるのではないかと思われる事件《じけん》がありました。それはぼくがモグラをつかまえるために仕かけたわなに、イタチがかかったことです。

イタチはオスとメスで、大きさがまったくことなります。メスは体の長さがオスの半分以下《いか》で、細長い体はモグラのトンネルでも楽に動き回れるようなのです。イタチがかかったのが一回なら見すごすのですが、その後、ぼくの友人もモグラのトンネルでイタチをつかまえています。また、ぼくが研究でロシアに行ったときにも、イイズナというイタチの仲間《なかま》がつかまりました。このように、トンネル内にこうげきに来る動物も、少なからずいるのではないかと思います。

ほかにも、モグラのトンネルを利用《りよう》している動物がいくつかいます。敵《てき》ではありませんが、ときどきモグラ用のわなで野ネズミ類《るい》（アカネズミやハタネズミ）をつかまえることができますし、モグラの仲間のヒミズ（五八ページを見てください）もトンネルの利用者です。

ただふしぎなのは、これまで一度も、わなにヘビがかかったことがないことです。ヘビはモグラのトンネルで、えさをさがすのではないかと思うのですが、もしかしたらトンネルの中では、ヘビもこうげきのしせいをとれないから、モグラはえさの対象《たいしょう》になっていないのかもしれませんね。

第2章　日本のモグラ　世界のモグラ

モグラ天国・日本

「日本はモグラ天国だ」と、以前《いぜん》にべつの本に書いたことがありました。この章では、世界にどれくらいのモグラの仲間《なかま》がいるのかについて、書いていきたいと思います。そこで、まず世界にほこる日本のモグラの多様性について、話を進めていきましょう。

日本には、なんと八種《しゅ》のモグラの仲間が生息しています。

「えっ！　たったの八種⁉」

と思ったきみ、日本にどれくらいのほ乳類《にゅうるい》がいるのか知っていますか？

海にすむほ乳類をのぞくと（日本のものかどうかわからないものもふくまれ

てしまうので）、日本には一〇〇種ちょっとのほ乳類が生息しているのです。その中で八種というのは、けっして少ない数ではありません。

「じゃあ、世界にはどれくらいのモグラがいるの？」

なるほど、もっともな質問《しつもん》です。現在《げんざい》のところ、世界にいるモグラは、だいたい四〇種に分類《ぶんるい》されています。「だいたい」と書いたのは、研究者によってどれくらいの種類がいるのか、意見がいろいろだからです。ぼくは、モグラの種の数はもっとふえると思っています。

さて、日本のモグラたちとその分布《ぶんぷ》をしめすと、次のページの図のようになります。きみの住んでいる場所によって、そこにすむモグラはちがうのがわかります。ぼくは茨城《いばらき》県に住んでいるので、アズマモグラという中型《ちゅうがた》の種のすみかとなります。実家の岡山県で、ぼくが子どものころに身近だったのは、コウベモグラというさらに大型の種でした。この二種は、本州の中部地方を境《さかい》にしてそれぞれ東西に分布する、日本のモグラの二大勢力《せいりょく》といえます。

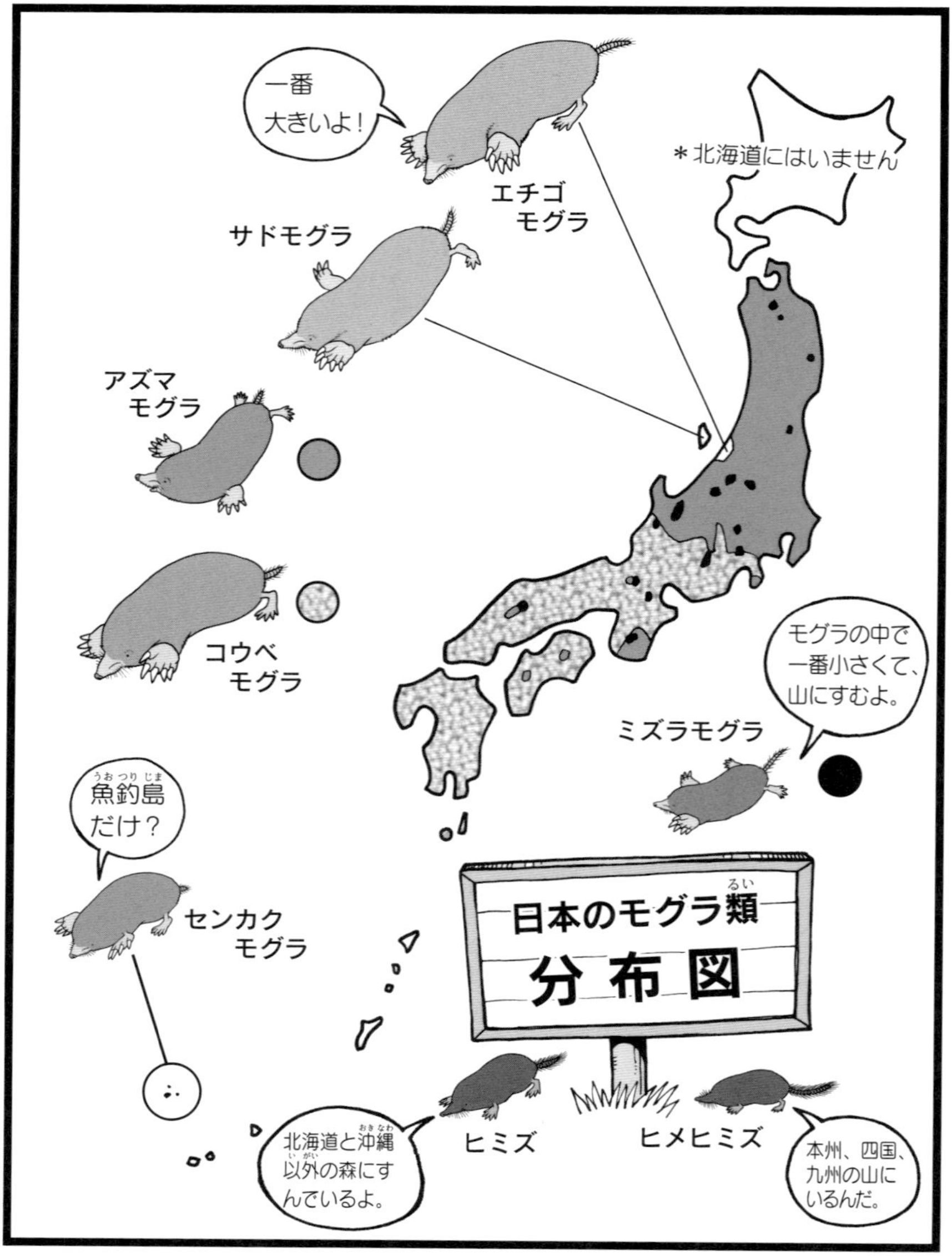
日本のモグラ類《るい》
分布図
一番
大きいよ！
エチゴ
モグラ
＊北海道にはいません
サドモグラ
アズマ
モグラ
コウベ
モグラ
モグラの中で
一番小さくて、
山にすむよ。
ミズラモグラ
魚釣島《うおつりじま》
だけ？
センカク
モグラ
北海道と沖縄《おきなわ》
以外《いがい》の森にす
んでいるよ。
ヒミズ
ヒメヒミズ
本州、四国、
九州の山に
いるんだ。

どうやらこの二種《しゅ》は、境界《きょうかい》に当たる場所では、今でもせめぎ合いをしているらしく、体が大きいコウベモグラがアズマモグラの分布域《ぶんぷいき》へ進出しつつあると、考えられています。

では、残《のこ》りの少数派《しょうすうは》のモグラについて、見てみましょう。日本のモグラの多様性《たようせい》を高めているのは、新潟県《にいがたけん》の佐渡島《さどがしま》にしかいないサドモグラと、その対岸の越後《えちご》平野にしかいないエチゴモグラのそんざいです。これらの種はなぞが多いのですが、それは順番《じゅんばん》にしょうかいしていきましょう。

ここまででしょうかいしたモグラたちは、ぼくたちの生活空間である町や畑、野山といった場所で見られる生き物です。「見られる」といっても、すがたを見るのがむずかしいのは前の章で説明《せつめい》しましたね。ここでいう「見られる」というのは、「かれらの生活のあとを見ることができる」という意味です。きみの住んでいる土地で、モグラ塚《づか》やトンネルを見つけたら、そこにはこれら四種のどれかが、すんでいると考えてよいと思います。

いっぽうで、ぼくたちの周囲《しゅうい》では、なかなか見ることのできないモグラもいます。そのひとつは、沖縄《おきなわ》県のはじに当たる尖閣諸島《せんかくしょとう》という場所にしかいない、センカクモグラです。このモグラは、なんと今から四〇年ほど前に、一ぴきつかまった記録《きろく》しかないという、なぞめいた種《しゅ》です。

さらに、このモグラがつかまった魚釣島《うおつりじま》という島では、生息環境《かんきょう》の破壊《はかい》が進んでいるといわれていて、今でもこのモグラがこの島にいるのかどうか、はっきりとしたことがわからないのです。これは、この島が近くの国との領《りょう》土《ど》問題をかかえているため、ぼくたち研究者はセンカクモグラのそんざいをたしかめに行くことができない、というふくざつな事情《じじょう》も関係《かんけい》しています。

さて、もうひとつのめずらしいモグラは、ミズラモグラという種です。このモグラは、本州のあちこちで生息がかくにんされているのですが、いずれも山間部にかぎられているようです。これでは、とうていぼくたちの生活に身近なそんざいとはいえません。

ミズラモグラもまた、本当にふしぎなモグラです。ほかの日本のモグラたちとはべつのグループに入ると考えられていて、生活のスタイルもかなりことなるようです。

かつて、多くのモグラ研究者（ぼくをふくめて）がミズラモグラをつかまえようと、あの手この手をつくしたのですが、なかなかつかまえることができませんでした。それなのに、山歩きをする人たちがこのミズラモグラの死体をひろった、という記録（じっさいにぼくの研究室にも、登山者が発見したというモグラの死体が運ばれてくることがあります）がとても多く残《のこ》っているのです。

最近《さいきん》では、ミズラモグラはそれほど山おくにすんでいるわけではなく、ひかく的低《てきひく》い山地にもいることがわかっています。ところが、どういうわけかつかまえられない、そして、どんな生活をしているのかもよくわからない、そんなモグラなのです。

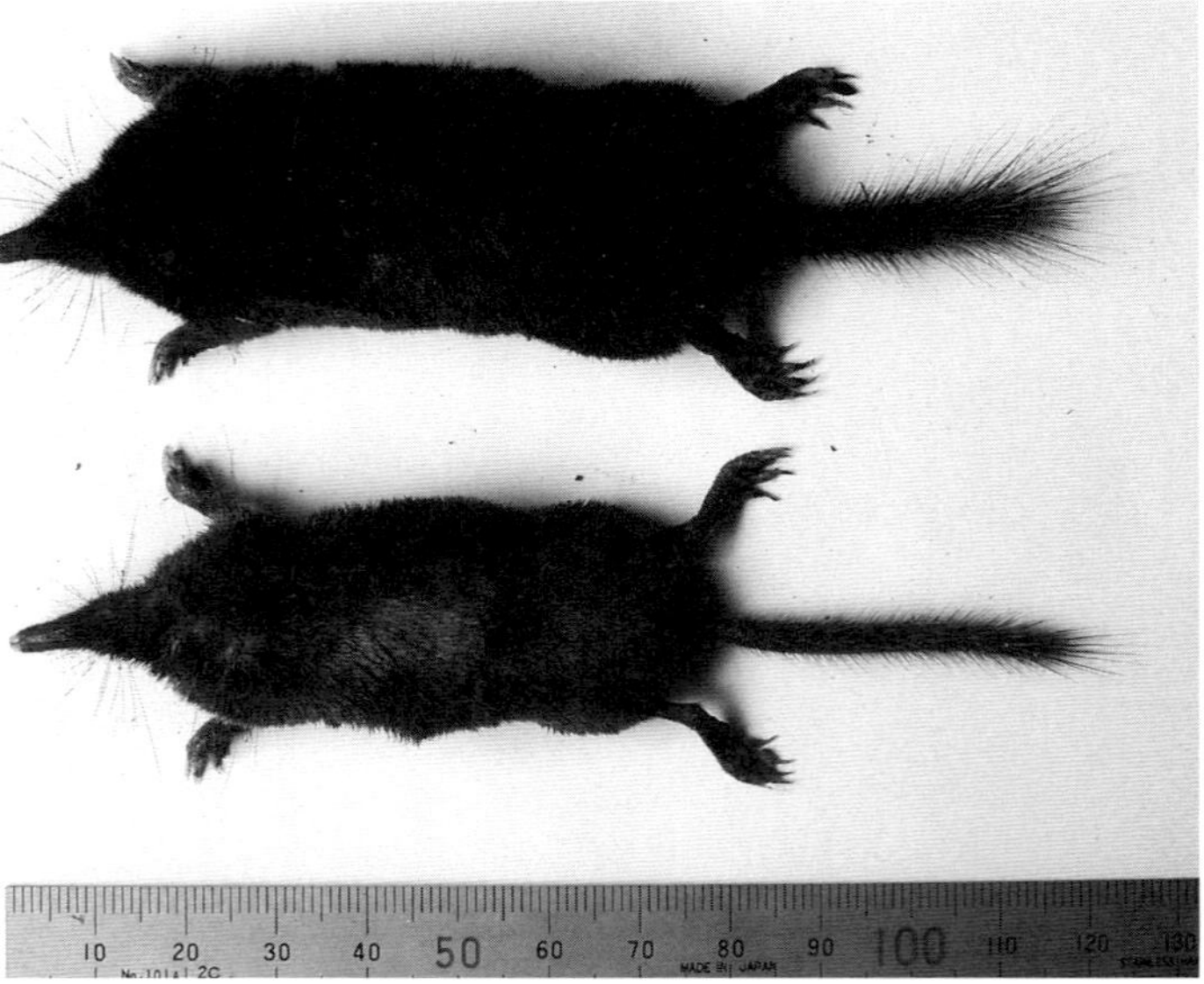

上がヒミズ、下がヒメヒミズです。モグラにくらべて、しっぽや鼻が長いのがわかります。

ここまでで六種《しゅ》について書いてきました。残《のこ》すはあと二種。これらは、第一章で書いたヒミズという、土にもぐるのがあまりうまくないモグラの仲間です。ヒミズの仲間は世界中で四種だけで、かぎられた場所にしかすんでいない、とてもめずらしい生き物です。その分布《ぶんぷ》は、北アメリカ大陸《たいりく》の西海岸と中国の南西部周辺《しゅうへん》、それと日本。それらのうちの二種が日本にいるということは、いかに日本がモグラ天国であるかを物語っていますね。

ヒミズは、北海道と沖縄《おきなわ》県をのぞく、ほとんどの場所に分布しています。ところが、モグラとはちがって、近所の畑などでは、なかなか見つけられません。これは、ヒミズがモグラのような完全《かんぜん》な地中生活者ではなく、「半地《はんち》中性《ちゅうせい》」といって、落ち葉の下などでえさとなる小動物を食べて、生活しているからでしょう。

ヒミズが生活するのに十分な落ち葉がつみあがった場所は、どうしても山地の森林になります。だからヒミズもまた、ぼくたちの生活に身近とはいえません。ただ、ごくかぎられた森林にかこまれた地域《ちいき》では、畑などにもヒミズがいることがあります。こういう場合は、モグラのトンネルを利用《りよう》して、生活をいとなんでいるようです。

それに対して、ヒミズの一種であるヒメヒミズは、生息地がかなりかぎられています。この種も本州・四国・九州に分布しますが、標高《ひょうこう》の高い山地にしか生息していません。

ヒミズとヒメヒミズは、体の大きさ（ヒメヒミズの方が小さい）や尾《お》の長さ（ヒメヒミズの方が長い）で見分けられますが、なれないとちょっとむずかしいかもしれません。決定的《けっていてき》なところは、かれらの歯のならびを見てみないとわかりませんが、ちゃんとべつの種《しゅ》と考えられています。

ひみつは〝島〟にあった！

どうしてこれだけ多くのモグラの仲間《なかま》が、この日本にすむことができたのでしょうか？

これにはいろいろな説明《せつめい》がされています。どうやら日本のモグラの多様性《たようせい》は、この国が島国であること、そしてひじょうにたくさんの山があって、動物たちにとっては行き来がむずかしい地形であることと関係《かんけい》しているようです。

まずは、日本が島国であること。モグラは少しなら泳ぐことができますが、さすがに海をわたることはできません。また、「たいへんな大食い」で「すぐにおなかがすく」せいしつなので、長い船旅にもたえられそうにありません。

そのため、島が海でへだてられているということは、完全《かんぜん》に日本の種《しゅ》が独《どく》立《りつ》してしまうことを意味しています。

ところで、きみは「温暖化《おんだんか》」という言葉を聞いたことがあるでしょうか？　現代《げんだい》の世の中は、人が使った燃料《ねんりょう》などから出る二酸化炭素《にさんかたんそ》のえいきょうで、年ねん気温があがっています。そのため北極《ほっきょく》の氷山がとけ始めて、ホッキョクグマの生息地がへっているという話を知っていますか？　そして、とけた氷で海の水の量《りょう》がふえて、海中にしずみつつある島があるという話を聞いたことがありますか？

なぜこのような話を持ち出したのかというと、このぎゃくを考えてほしいと思ったからです。もし気温が今よりもずっとさがったとしたら、何が起こるのでしょう？　北極では氷山が発達《はったつ》して、そのえいきょうで海の水は少なくなってしまうでしょう。ホッキョクグマは喜《よろこ》ぶかもしれません。そして、島をとりまく海域《かいいき》は、陸地《りくち》となることがよそうされます。

ここで、日本のことを考えてみます。日本列島の周《まわ》りはひかく的《てき》あさい海で、大陸からへだてられています。かつて、地球の気温がさがった氷河期《ひょうがき》には、日本列島は朝鮮《ちょうせん》半島と陸つづきであったと考えられています。長い間、地球の気温は、あがったりさがったりをくり返していました。つまり日本列島は、何度も大陸とくっついたり、はなれたりしてきたのです。

モグラだけでなく日本のほ乳類《にゅうるい》は、このような大陸と陸つづきだった時期にやってきて、すみ着いたのではないか、というのがひとつの仮説《かせつ》です。そして、このようなことが時代をへて何度もくり返し起こったから、そのたびにいろいろな種類のモグラがやってきて、日本の種の数はとても多くなったのかもしれません。

さらに、日本はいくつもの山脈《さんみゃく》がつらなり、平野や盆地《ぼんち》、川や湖があるという変化《へんか》に富《と》んだ地形であったために、さまざまなモグラがすめる多様《たよう》な環境《かんきょう》を持っているということも重要《じゅうよう》です。大陸から何度もモグラがやってきたからといって、生活場所をあらそわなければならないようでは、どれかひとつの種《しゅ》しか生き残《のこ》ることはできません。しかし、多様な環境《かんきょう》のおかげでそうはならずにすんだため、日本のモグラたちはそれぞれにことなる環境で、共《きょう》存《ぞん》することができたといえるでしょう。

アズマモグラ 対 コウベモグラ

それではここで、最初《さいしょ》に書いたアズマモグラとコウベモグラの関係《かんけい》をふり返ってみましょう。

アズマモグラは本州の東半分に、コウベモグラは西半分に分布《ぶんぷ》していました。先ほどの大陸《たいりく》からの侵入《しんにゅう》という話でこの分布を説明《せつめい》するならば、かつては、アズマモグラが本州の全体（と九州・四国）にいた、と考えられます。そしてある氷河《ひょうが》時代に、大陸（おそらく朝鮮《ちょうせん》半島あたり）から、より大型《おおがた》のコウベモグラが入ってきて、小さいアズマモグラをおいやりながら東日本にすみかを広げていった、というわけです。

これら二種《しゅ》の分布《ぶんぷ》の境界《きょうかい》は、山間部の谷間になっている場所がほとんどです。どうやら大きいコウベモグラは、山地などの石がごろごろした土質《つちしつ》にすむのは、苦手なようです。それで今では、二種の分かれ目が、けわしい山がたくさんある中部地方にあるといわれているのです。

正確《せいかく》にはアズマモグラは、本州の西半分の標高《ひょうこう》の高い場所や紀伊《きい》半島などでは生き残《のこ》っています。これは最初《さいしょ》にアズマモグラが分布していて、その後、コウベモグラが入ってきた、という説明《せつめい》とうまく合うようですね。

このように、二種が山地と平地ですみ分けている様子は、ヒミズの仲間《なかま》にも見られます。こちらも同じように、すむ場所をうばったりうばわれたりしたと説明できるかもしれません。

いっぱん的《てき》にこのように理解《りかい》されているモグラの分布ですが、サドモグラやエチゴモグラが、新潟《にいがた》県の特定《とくてい》の場所にしかすんでいない理由は、まだよくわかりません。そして、なぜか北海道にはモグラがいないのもよくわからないのです。ぼくは、たぶん日本列島の中で種が分かれていったのだろうとか、海が陸地《りくち》になったといっても、それがモグラの通路にはならなかったからだろう、と想像《そうぞう》しています。

畑のやっかいもの

ところで、日本人は農耕民族《のうこうみんぞく》だといわれています。約《やく》二〇〇〇年前、ぼくたちの祖先《そせん》は農業とともに大陸《たいりく》から日本にやってきました。それまでは動物をつかまえたり、木の実などを集めたりして食べていたそうです。モグラは田畑をあらす、やっかいな害獣《がいじゅう》というイメージが強い生き物です。その長い歴史《れきし》の中で、きっとぼくたちの祖先とモグラは戦《たたか》いつづけてきたのでしょう。

モグラは本来、森林を好《この》む動物です。落ち葉がたくさんつみ重なった森の土には、えさとなるさまざまな小動物がすんでいます。森はモグラにとって最高《さいこう》のすみかだったはずです。

ところが、各地で木が切られて、森が畑にかえられてしまうと、かれらはすみかをおわれてしまいました。けれども、どうやら畑には、作物がよく育つようにひりょうがまかれて、それをえさとするミミズが、豊富《ほうふ》にいるようです。森をおい出されたモグラでしたが、畑もまた、モグラにとってはそれほど悪くない環境《かんきょう》だったのでしょう。こうしてモグラは、生きていくために必要《ひつよう》なミミズをおいもとめて、畑でトンネルをほって生活するようになったのです。

いっぽうミミズは、畑の土を作る生き物として知られ、落ち葉などを食べて、それを体の中で細かくくだき、つぶ状《じょう》のふんとして出します。こうして排泄《はいせつ》されたものは、ちっ素《そ》などをふくむ※有機物《ゆうきぶつ》でできていて、作物にとってとても大切な栄養分《えいようぶん》になるのです。

だから、ある人は言います。

「モグラはミミズを食べるからこまる」

※有機物　動植物をつくるための物質《ぶっしつ》のこと。

たしかにそのとおり。畑を作るのに大切なミミズたちを食べてしまうモグラは、畑にとってはよくない行いをしているのかもしれません。

でも、モグラはミミズだけを食べて生きているわけではありません。そのほかにも、コガネムシの仲間《なかま》やガの幼虫《ようちゅう》も好《この》んで食べます。これらの幼虫は作物やしばの根を食べる、いわゆる「害虫《がいちゅう》」とよばれて、きらわれている昆《こん》虫《ちゅう》です。こうした害虫を食べるモグラは、いいことをしているとも言えそうです。

それに、ミミズを食べたり、土をもりあげて作物の成長《せいちょう》を悪くしたりする行いは、生きていくためにしかたないことであることを、わすれてはいけません。モグラだって害虫ばかり食べていたら、食りょう不足《ぶそく》で死んでしまいますし、トンネルをほらないと、そこにいる害虫を食べることはできません。

そう考えると、少しはモグラの悪行をゆるせるのではないでしょうか。

モグラは野菜《やさい》を食べませんが、多くの人はイモやニンジンをかじると信《しん》じているようです。たしかに、そう話す人に見せてもらうと、畑にトンネルがたくさんあって、野菜にはかじられたあとがあります。なぜでしょう？

これについて説明《せつめい》しましょう。きみは、ぼくが第一章の最後《さいご》で、モグラのトンネルを利用《りよう》している動物について書いたことを覚《おぼ》えていますか？　どうやら、ハタネズミやアカネズミが、モグラのトンネルを伝《つた》って畑にたどり着き、野菜を食べているようです。じっさいにぼくは、トンネルに仕かけたモグラとりのわなで、これらのネズミをつかまえたことがあります。

実は、ぼくたち野ネズミがかじっていました。

モグラとネズミのかんだあとを見分けるには、一一ページの歯の写真を参《さん》考《こう》にすればよいでしょう。ネズミは、一番前に大きな門歯が一対あるので、はばのせまい二本の線となって、引っかききずを作るはずです。

ところが、モグラの歯は小さな前歯が、左右に三対ならんでいます。かりに、イモをかじったとするならば、丸くけずり取ったような穴《あな》ができるにちがいありません。そもそも、モグラがイモをかじろうとしても、きっとあの長い鼻先がじゃまになって、うまくかめないはずです。それにモグラの口は、それほど大きく開きません。だからモグラには、イモのような大きなものにかみつくことは、むずかしいでしょう。

さらに植物は、意外と消化吸収《きゅうしゅう》するのが、むずかしい食べ物です。まず口の中で、ネズミのようなやすり状《じょう》のおく歯を使って、しっかりとすりつぶす必要《ひつよう》があります。モグラのような切断用《せつだんよう》のおく歯では、うまく細かくすることができません。

また、モグラの腸《ちょう》はネズミのものとくらべると、とても細くて短いうえに盲腸《もうちょう》を持っていません。ネズミには盲腸があるので、ここに食べたものを一時ほかんして、より吸収しやすいように、ぶんかいすることができます。モグラには、これができないのです。

ところで、穴ほりがあまり上手ではない、モグラの仲間《なかま》ヒミズではどうかというと、細かくくだいたピーナッツなどの木の実をあたえると、食べてしまうのです。ヒミズはモグラと生活の場がちがうだけでなく、植物質《しょくぶつしつ》のものも食べられるようです。ただし、モグラと同じように、口を大きく開くことはできませんし、すんでいる場所が森林なので、農作物にえいきょうをあたえるとは考えられません。

ここまで聞くと、モグラやその仲間が野菜をえさにして畑をあらすのは、不可能《ふかのう》だと思いませんか？

さて、土の中にはミミズやモグラ以外《いがい》にも、さまざまな生き物がすんでいます。きみは、「食物連鎖《しょくもつれんさ》」という言葉を知っていますか？　ミミズは落ち葉を食べて、作物の栄養分《えいようぶん》となるふんをします。つまり作物は、ミミズのふんを食べているわけです。また、モグラがミミズを食べると、これもふんになります。モグラのふんも、菌類《きんるい》やバクテリアにぶんかいされて、作物の栄養分になります。モグラが死んだときも、同じようなことが行われます。

こうした、ふくざつな循環《じゅんかん》のことを、食物連鎖とよびます。この連鎖はびみょうなバランスによってなり立っています。もし、このバランスがくずれてしまったら、害虫《がいちゅう》が大発生したり、何らかの生き物がほろんだりして、作物にも被害《ひがい》がおよぶでしょう。

モグラは、土の中の生態系《せいたいけい》では、もっとも力のある生き物です。かれらの役割《やくわり》は、見つけたものは何でも食べてしまうこと。つまりは、特定《とくてい》の害虫が大発生したときには、それがモグラにとってよく見つかるえさになるわけですから、積極的《せっきょくてき》にそうした害虫を食べて、生態系のバランスを回復《かいふく》させるのです。そう考えると、モグラは「土の中の生き物のバランスをたもつための、大切なそんざい」ともいえるのではないでしょうか。

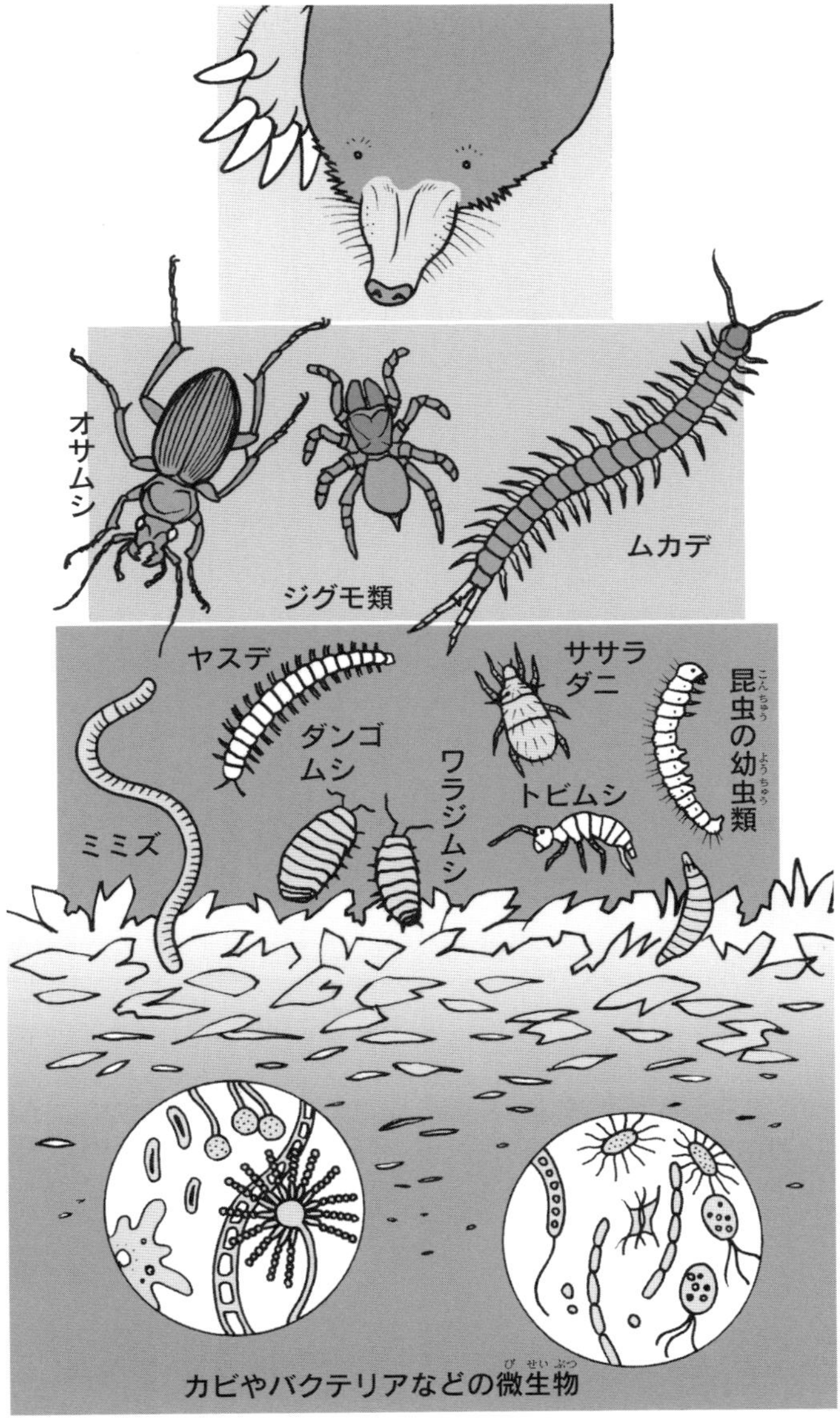

にているけれどモグラじゃない？

モグラが昆虫《こんちゅう》などの動物質《どうぶつしつ》だけを食べていることは、世界での分布状況《ぶんぷじょうきょう》にかかわりがあります。世界に、モグラの仲間《なかま》は四〇種《しゅ》ほどいる、といわれていますが、どこにでもいるというわけではありません。

たとえば北アメリカ大陸《たいりく》では、分布は東西に分かれていて、その間には空白の地域《ちいき》があります。この地域はとてもかんそうしていて、草木もまばらにしか生えていません。こういう場所では、落ち葉がつもってくさるようなことは、あまり起こりません。腐葉土《ふようど》ができなければ、ミミズのようなムシも生きていかれないため、モグラの仲間もくらすことができないのでしょう。

そうかといって、土にもぐるほ乳類《にゅうるい》が、まったくいないわけではありません。土の中は安全なのですから、すみかにする動物がいないわけがありませんよね。土をほる能力《のうりょく》を身につけた何者かが、きっとひそんでいるはずです。

このような場所では、たいていネズミの仲間が生活しています。北アメリカ大陸の場合は、ホリネズミという地中生活を得意《とくい》としたネズミがいます。このネズミは、すがたが少しだけモグラとにています。つつ形の体に、短いしっぽ、手はモグラほど大きくはないですが、じょうぶな前歯で土をけずり、トンネルをほってくらしています。

北アメリカ大陸以外《いがい》では、アフリカなどの地域でデバネズミというネズミが、やはり地中生活をしています。最近、動物園で人気があがってきているハダカデバネズミは、この仲間です。

これらのネズミは、どうしてモグラがすめないような環境《かんきょう》でも、くらしていけるのでしょうか？

それは、ネズミが植物質《しょくぶつしつ》のえさを食べるからです。かんそうした場所でも、多少の草木が生えていれば、その根っこなどを食べて生きていくことができるのです。それに植物は、栄養《えいよう》が豊富《ほうふ》ではらもちがいいので、燃費《ねんぴ》もよくなります。モグラのように、ひたすらミミズを食べて運動してエネルギーを消《しょう》費《ひ》するような動物は、燃費がよくありません。植物を食べる動物は、モグラよりもずっと広いはんいで生活できる能力《のうりょく》があるということでしょう。

「それじゃあ、かんそうした場所ではムシを食べるものはいないってこと?」

と思ったかもしれませんね。

実は、いるのです。でもこれらは、モグラとはべつのグループの動物なので、ここからは注意して読んでくださいね。

オーストラリアには、ふくろを持つ動物がたくさんすんでいます。これらは「有袋類《ゆうたいるい》」とよばれ、ふくろで子どもを育てるという、とてもかわった動物です。カンガルーやコアラが有名ですね。この仲間《なかま》に、なんとモグラにそっくりな動物がいるのです。その名も、フクロモグラ。前足のじょうぶなつめ、短いしっぽ、そしてずんぐりむっくりした体は、まさにモグラのようです。

いっぽうアフリカの南の方には、キンモグラという名の動物がすんでいます。やはりモグラにそっくりな体つきをしているので、昔はモグラに近いと考えられていましたが、最近《さいきん》になって、まったくことなるグループの動物だということがわかっています。おどろくことに、ゾウやツチブタといった動物の祖先《そせん》から生まれてきたのです。

フクロモグラとキンモグラの仲間は、どちらもおもに土の中にいる昆虫《こんちゅう》を食べています。かれらがすんでいるのはさばくで、土の中にほとんど生き物がいないように思うのですが、ふしぎなことにちゃんと生活できています。

進化とちゅうのモグラたち

それでは、いよいよここからは世界のモグラの仲間《なかま》の登場です。モグラとにているけれども仲間ではない動物がいるのと反対に、中にはモグラらしくないものもいます。生き物は本当にふしぎなことだらけです。

まずは、モグラの中で一番原始的《げんしてき》だといわれる、ミミヒミズというグループです。ミミヒミズは四種《しゅ》に分けられていますが、どれも外見からではモグラだとは思えません。すがた形は、むしろトガリネズミにていますが、頭の骨《ほね》を見ると、たしかにモグラの仲間であることがわかります。中国の南西部やミャンマーの北部にだけ生息しています。

きみはもうモグラについてしっかり勉強したから、手が小さいと土をほれないことや、長いしっぽはトンネル生活にはむいていないことがわかりますよね。そのとおり、ミミヒミズは土にもぐることはほとんどありません。かれらは、地上を歩き回って生活しているのです。

次は、デスマンというグループに登場してもらいましょう。デスマンはヨーロッパのピレネー山脈《さんみゃく》に一種、ロシアに一種、分布《ぶんぷ》しています。やはり手は小さくて、それにしっぽも長い。とくに注目したいのは大きな後ろ足、そして指の間に水かきがあるところです。この動物がどんな生活をしているのかわかりますか?

そう、デスマンは水中での生活にむいていて、水中で生活する昆虫《こんちゅう》や魚、エビ、カニなどを食べています。ところが河川《かせん》が汚染《おせん》されてしまい、かれらが生活できる環境《かんきょう》がへっていて、どちらの種も絶滅《ぜつめつ》の危機《きき》にあるといわれています。

最後《さいご》はヒミズ。すでにきみは、日本には二種《しゅ》のヒミズがすんでいて、ヒミズの仲間《なかま》は、世界であと二種しかいないということを知っていますよね。残《のこ》りの二種は、中国南西部のとてもけわしい山中と、北アメリカ大陸《たいりく》の西海岸のかぎられた地域《ちいき》だけ、というかわった分布《ぶんぷ》です。どうやらこの仲間は、ずっと昔（何十万年も昔のことです）は、もっと広いはんいに分布していたようですが、なぜか、現在《げんざい》のような日本をふくむ太平洋沿岸《えんがん》の三か所だけに、取り残されてしまいました。世界的《せかいてき》にも、貴重《きちょう》な生き物だということがわかりますね。

このヒミズ、しっぽが長くて手は小さく、土にもぐるのがあまり得意《とくい》ではないことは、すでに五八ページで書きました。どうやら、完全《かんぜん》に地中で生活をするモグラへと、変化《へんか》するとちゅう段階《だんかい》の生き物のようです。

どうですか？　モグラの仲間といっても、いろいろな形をした動物がいるということがわかりましたか？

そうなのです。モグラはもともと、地上の生き物だったようです。それが土の中（あるいは水の中）の豊富《ほうふ》なえさをもとめて、少しずつ生活の場所を変化させてきたのです。その進化のかていが、ここにあげた生き物たちに表れているのですね。

そして土の中へ……

さて、あとの仲間《なかま》は地中にくらしていますが、ここにもなぞの多いものがふくまれています。その代表は、北アメリカ大陸《たいりく》にすむモグラヒミズという、モグラなのかヒミズなのかわからない名前を持つ種《しゅ》と、中国にすむカンスーヒミズという種。

この二種はこれほどはなれた場所にすんでいるのに、なぜかにた特徴《とくちょう》を持っています。どちらにも、半地中生活のヒミズと、完全《かんぜん》に地中でくらすモグラの中間的《ちゅうかんてき》な特徴があり、どうやら「ヒミズよりもさらに少しだけ地中で生活する」もののようです。なんだかややこしい話ですが、こういう動物がいることが、さらにモグラの進化のなぞにせまるカギになっているのです。

ホシバナモグラは北アメリカの東側《ひがしがわ》にいて、デスマンと同じように水にもぐって、ヒルやミミズといったムシを食べてくらすという、半分水中の生活を送っています。なんといってもおもしろいのは、鼻の周囲《しゅうい》につき出た二二本のとっきです（口絵の四ページを見てください）。これが星のように見えることから、この名前がついています。さらに、ホシバナモグラがほかとことなる点は、しっぽがとても長いこと。トンネルをほるのがとても上手で、しっかりとしたスコップ状《じょう》の手を持っています。動きがすばやく、手足やしっぽはうろこにおおわれています。

さらに北アメリカには、完全に地中で生活を送るグループが、四種すんでいます。大陸《たいりく》の東西に分かれて分布《ぶんぷ》しているので、それぞれトウブモグラとセイブモグラという名前がついています。すがた形は日本のモグラにそっくりですが、頭の骨《ほね》の形を見るとだいぶちがうことがわかります。

アメリカと日本のモグラをくらべてみよう

北アメリカ	日　本

ヒミズ

アメリカヒミズ

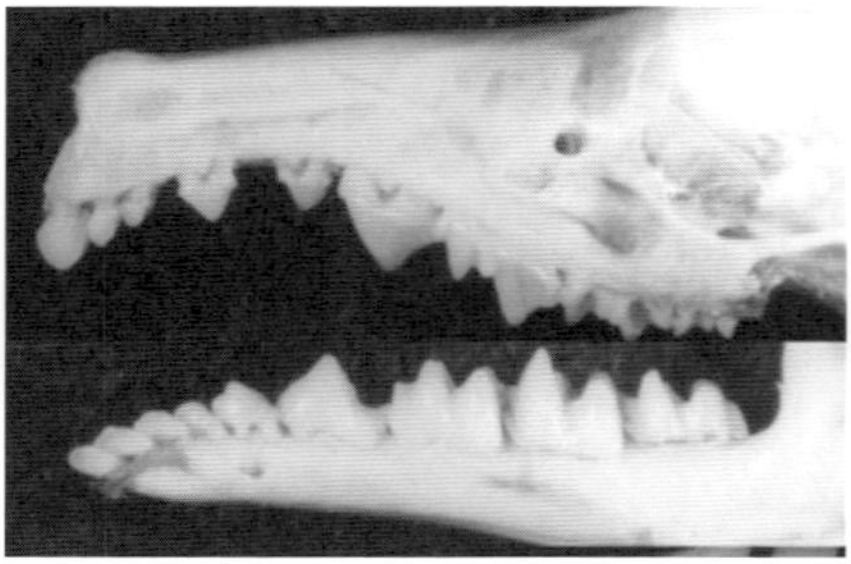

ヒメヒミズ

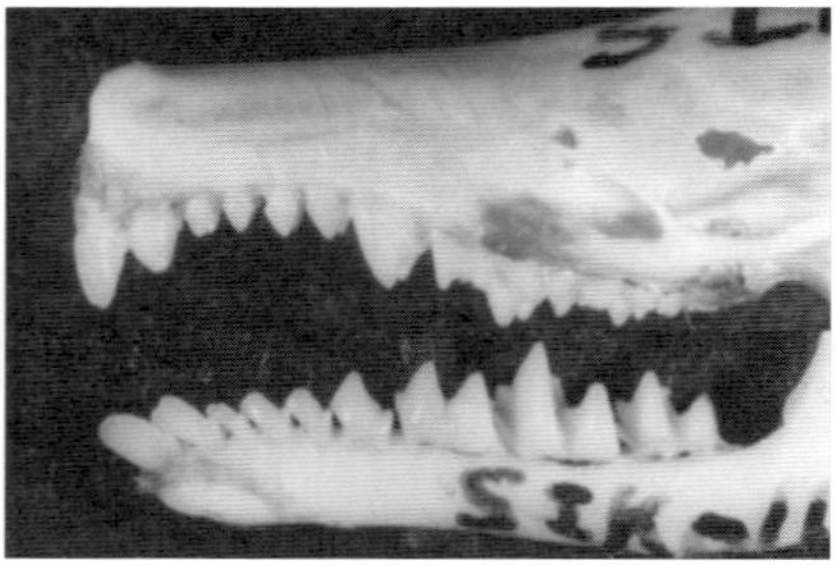

モグラ

ヒメセイブモグラ

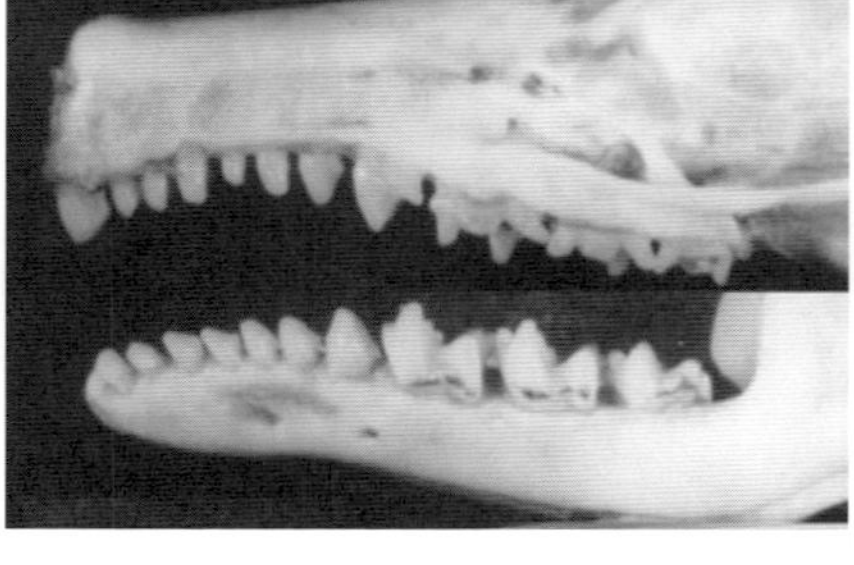

アズマモグラ

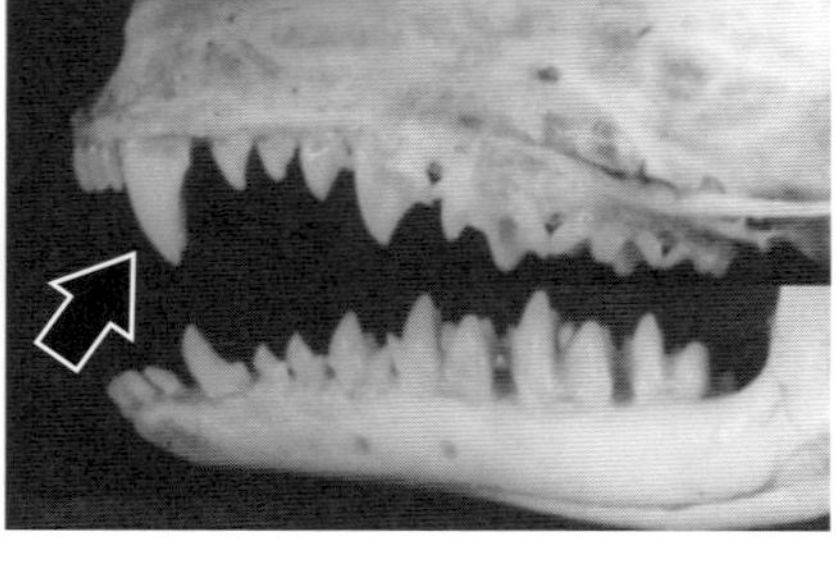

日本のヒメヒミズと北アメリカのモグラは一番前の歯が大きくなっていますが、アズマモグラは前から四番目の歯が大きなきばになっています。なんと北アメリカのモグラは、どちらかというとヒミズのような頭骨《とうこつ》をしているのです。つまり、ヨーロッパからアジアに分布《ぶんぷ》するモグラとは、べつのグループになります。

日本のモグラに見られる大きなきばは「犬歯」といい、イヌやネコのきばと同じものです。これはヨーロッパから日本までのユーラシア大陸《たいりく》に広く分布しているモグラに共通《きょうつう》の特徴《とくちょう》です。

モグラと仲間《なかま》の関係図《かんけいず》

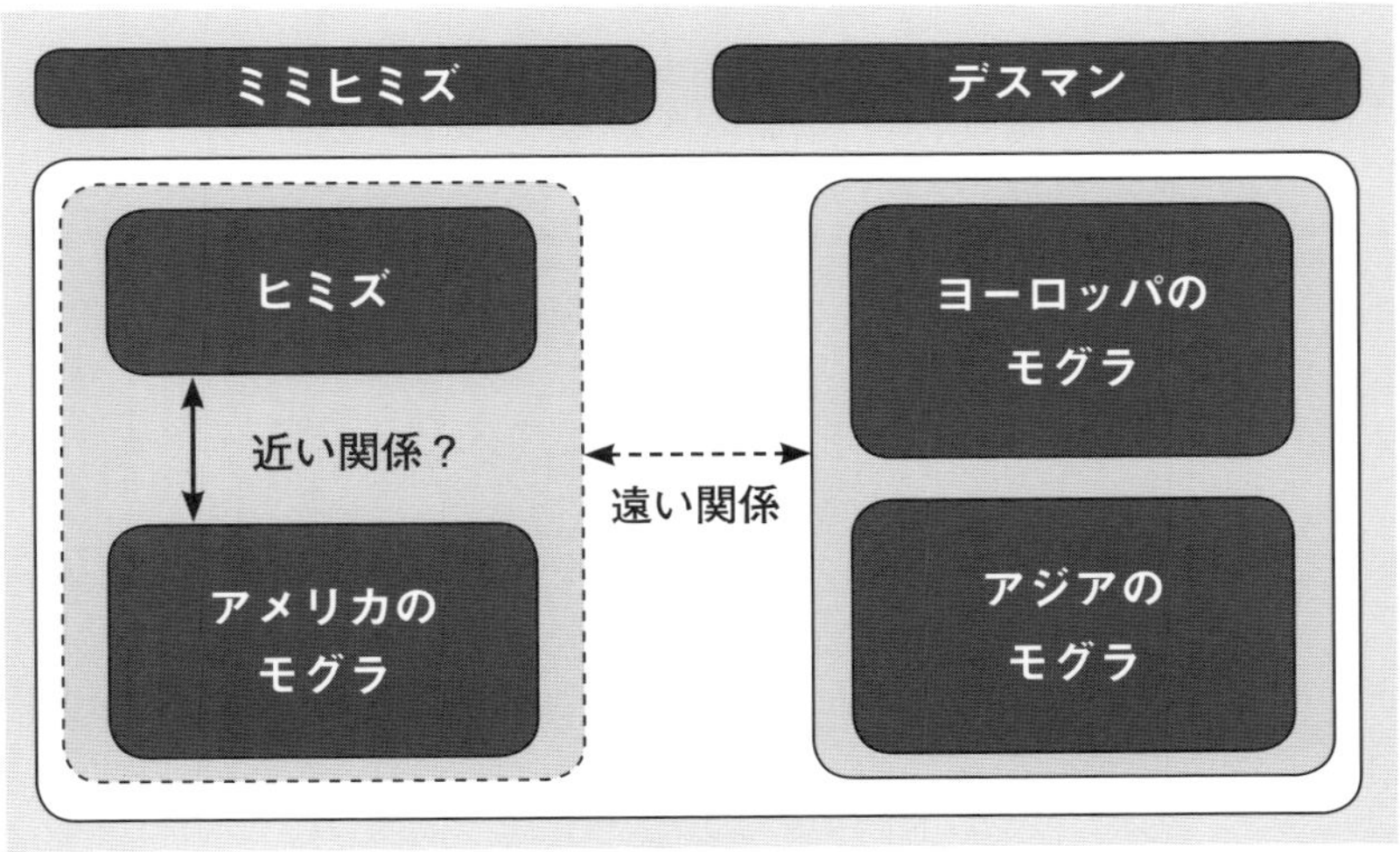

ヨーロッパのモグラは八種《しゅ》ほどに分類《ぶんるい》されていますが、どうやらアジアのモグラのグループとはちょっとちがいます。ほとんどの種は目が開いていて、しっぽにはふさふさとした毛が生えています。それに、毛の色は真っ黒です。

アジアのモグラはヒマラヤ山脈《さんみゃく》から日本にかけて分布《ぶんぷ》していて、この中に日本のヒミズをのぞいた六種がふくまれているのですが、はたしてアジアには全部で何種のモグラがいるのか、はっきりしたことはわかりません。

ぼくはこのなぞを解明《かいめい》するために、研究をつづけているのです。

それではこれについて、次の章でじっくりと説明《せつめい》してみましょう。

第3章　「研究者」という仕事

モグラをつかまえる方法《ほうほう》

モグラをもっとよく知るためには、ぜひとも実物をつかまえてみたいものです。ぼくはこれまでに、たくさんのモグラをつかまえて、観察《かんさつ》することを研究テーマにしてきました。その研究の内容《ないよう》を説明《せつめい》する前に、まずは採集《さいしゅう》のわざについていてしょうかいします。

モグラをつかまえるために必要《ひつよう》なものは何だと思いますか？　わな？　それとも才能《さいのう》？

どちらも正解《せいかい》ですが、まず一番に必要なのは、モグラがどのような生活をしているか、という「知識《ちしき》」です。ここまで読んでくれたきみには、もう十分な知識があるでしょう。この知識の中で、とりわけ大切なのは、モグラのトンネルには「主道」と「側道《そくどう》」がある、ということです。

主道は、一日に数回利用《りよう》する重要《じゅうよう》な通路。もしきみが、モグラがときどきしか使わない側道で待ちつづけても、あるいはわなを仕かけてみても、なかなかモグラをつかまえることはできないでしょう。そのためには、上手に主道を見分けられるようにならなくてはなりません。

モグラがひんぱんに使う主道のかべは、すべすべになっています。モグラは体にぴったりのトンネルを作り、体からほぼ垂直《すいちょく》に生えている毛皮で、ブラシのようにかべをみがいて進みます。その結果《けっか》、主道のかべはきれいにぬりかためられたようになるのです。

こうしてできたかべは、簡単《かんたん》にはくずれません。ですから、きれいにぬりかためられていて、ぼろぼろとくずれないようなトンネルならば、主道である可能性《かのうせい》が高いでしょう。

それに、モグラが一日に三回ほどの活動サイクルを持っている点も大切です。日中でも、モグラの活動時間に合えば、楽らくとつかまえられるかもしれません。

トンネルの中に、ミミズや昆虫《こんちゅう》が落ちているのを見つけた場合には、そこはしばらく、モグラがえさをさがしていない場所である確率《かくりつ》が高くなります。近いうちに、モグラがまたそこを通ることもありうるのです。じっと待っていれば、すがたを見ることができるかもしれませんよ。

では、つかまえるのにいい時期は、いつでしょうか。第一章で、「モグラは冬みんしませんが、冬には地中の深い場所に生活場所をうつします」と書きました。だから、冬場にはモグラをつかまえられる主道を、なかなか見つけられません。繁殖《はんしょく》時期を終えて、子どもたちが独立《どくりつ》を始める五月から六月が、適《てき》しているといえるでしょう。

モグラの１日は
８時間？

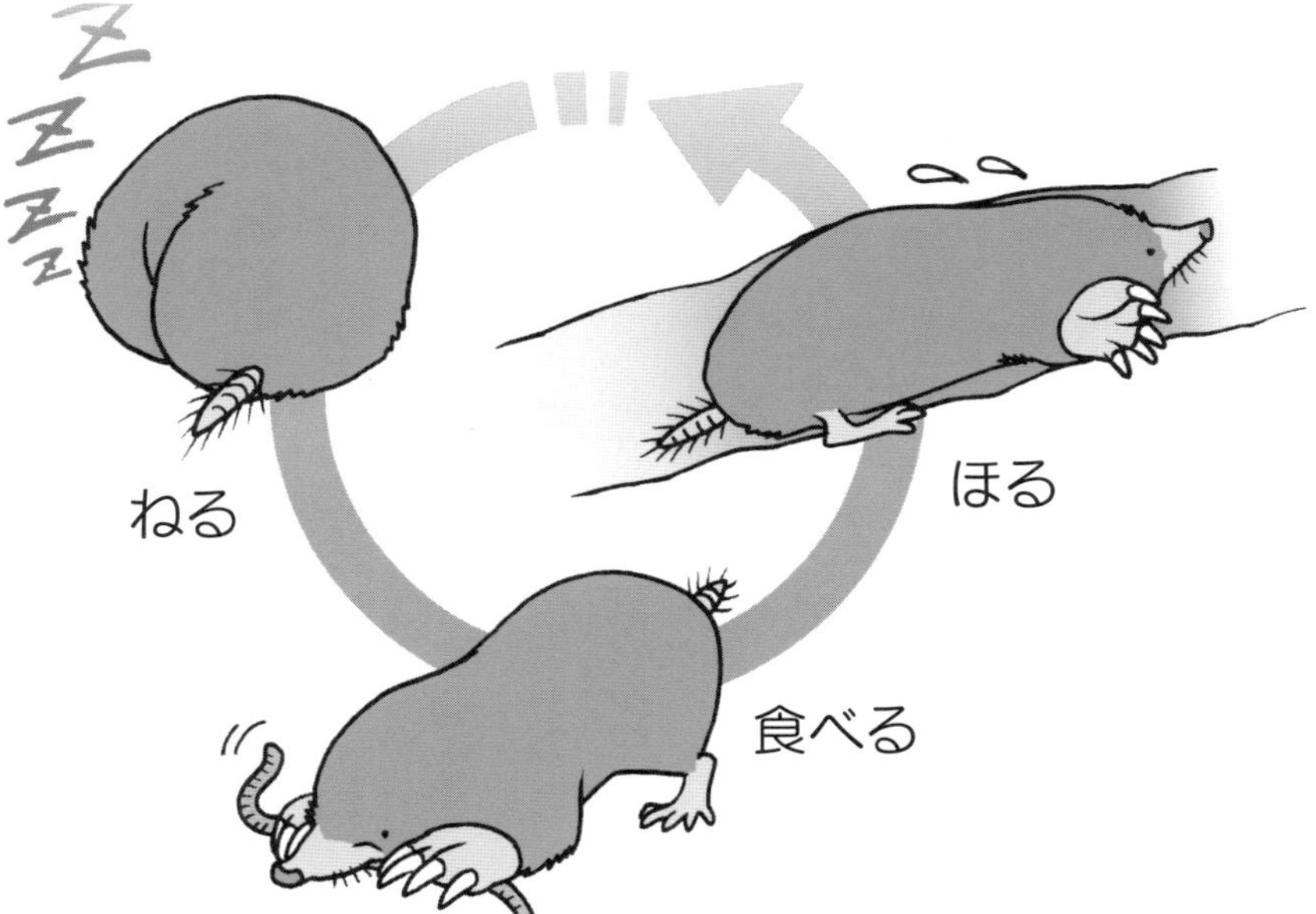

いざつかまえることになったら、どんな道具を使えばいいのでしょう？　わなは、さまざまな形のものがあります。シンプルなものだと、金属製《きんぞくせい》のつつのいっぽうにだけ、内側《うちがわ》へ開くとびらがついたものが、ホームセンターなどで売られています。モグラがとびらをおし開けてつつの中に入ると、とびらはさがり、つつがモグラの体にぴったりなので出られなくなる、というものです。モグラは後ろ方向へ進むのは上手ですが、さすがに、後ろにある障害物《しょうがいぶつ》をおしのけてまでは進めません。いつの日か、しっぽを器用《きよう》に使って、とびらをおしあげるように進化してきたら、おもしろいのですが……。

そのほかにも、モグラばさみというわながあります。これはモグラが地面をもりあげながらトンネルをほる習性《しゅうせい》を利用《りよう》したもので、農家の人が駆除《くじょ》に使います。また同じようなしくみで、引き金をおしあげると、はりが地面にささって、モグラを殺《ころ》してしまうというものもあります。およそ、モグラのわなは、ざんこくに作られているものが多いのです。

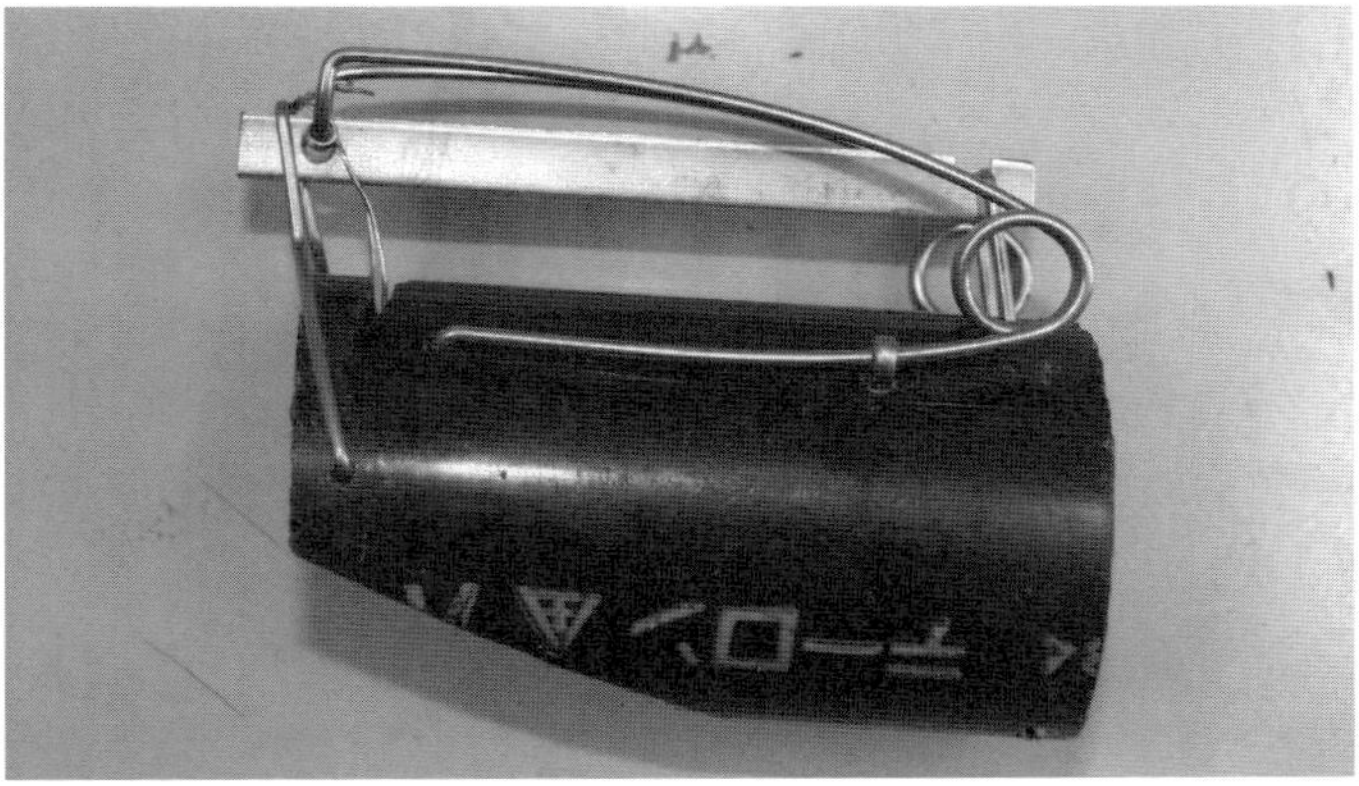

「くくりわな」とよばれるわな。これは、ぼくが自分で組み立てたもので、小型《こがた》のモグラをつかまえるのに使います。

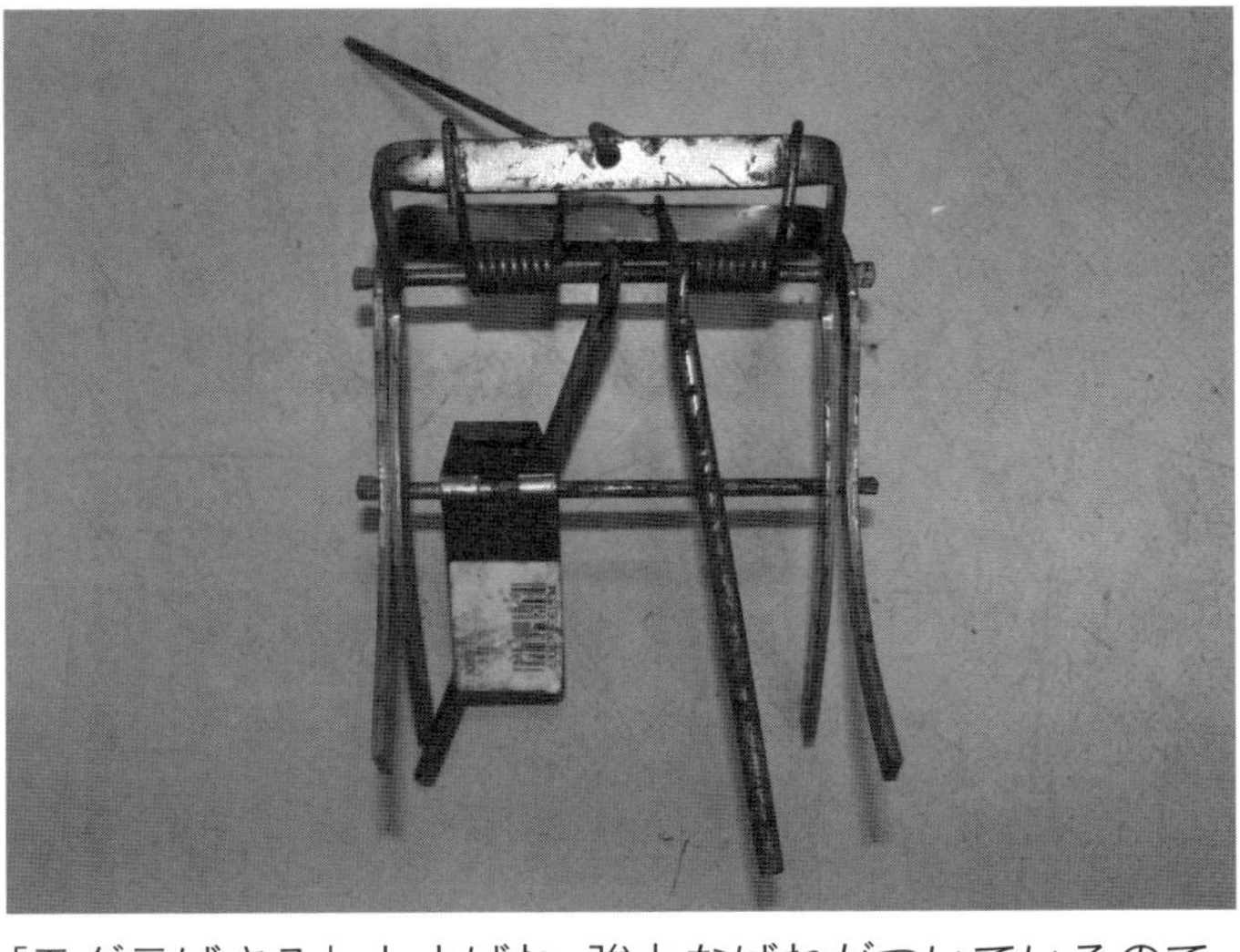

「モグラばさみ」とよばれ、強力なばねがついているので、取りあつかいには注意が必要《ひつよう》。かわいそうなことに、このわなにかかったモグラは死んでしまいます。

※農業にたずさわる人が、やむを得《え》なくわなを仕かけるなどの場合をのぞき、モグラをつかまえるのには都道府県知事《とどうふけんちじ》などの許可《きょか》が必要《ひつよう》です。

人工トンネルで観察《かんさつ》

もし元気なモグラをつかまえることができたら、ぜひかれらの行動を観察してみたいですね。ところが、活動の様子を見るのは、なかなかむずかしいものです。何しろかれらは、地中で生活しているのですから。

観察方法《ほうほう》のひとつとして、バケツの中にあさく土を入れて飼《か》うことがあげられます。でもモグラは、地中のトンネル生活のプロです。トンネルの中で行動するさまを見てこそ、本当の意味でモグラのことを理解《りかい》することができます。そこで、人工のトンネルを作って、モグラの様子を上手に観察する方法を考えてみましょう。

空中でモグラの行動を観察できるトンネル。天《てん》井《じょう》からつるしています。

これはぼくが作ったトンネルです。金あみでできているので、これなら中の様子がよく見えますよね。

まず、ぼくはこの中にモグラを一ぴき入れて、ミールワームをあたえて食事の様子を観察しました。えさを食べたモグラは、のどがかわいたようです。下にむかうトンネルの一か所に差《さ》しこんだペットボトルを見つけ出し、そこで水を飲むようになりました。

次第《しだい》にこのモグラがトンネルになれてきたので、次にもう一ぴき入れて、二ひきの反応《はんのう》を見ることにしました。

モグラがなわばり意識《いしき》の強い動物だということは、もう知っていますよね？
予想《よそう》どおり、二ひきのモグラは相手が近くなると、落ち着きがなくなりました。両手を広げて、口を鳴らすような音を発しながら、相手をいかくしています。それでもどちらも引き下がりません。とうとう二ひきは、むかい合ってけんかを始めてしまいました。シャベルのようなじょうぶな手で相手を引っかき、ついに、かた方《ほう》が相手にかみついたのです。

「これはまずい！」

ぼくは、あわてて二ひきを引きはなしました。

その後、ぼくはトンネルの一番上のはじに、少し広めの部屋を作ってあげました。するとモグラは、土の上にしいた落ち葉を、この部屋までせっせと運びこみ、巣作《すづく》りを始めたのです。こうしてこの日から毎日、モグラが食事や移動《いどう》の間にこの部屋にもどって、ひと休みするすがたが観察できたので、土の中での様子がとてもよくわかりました。

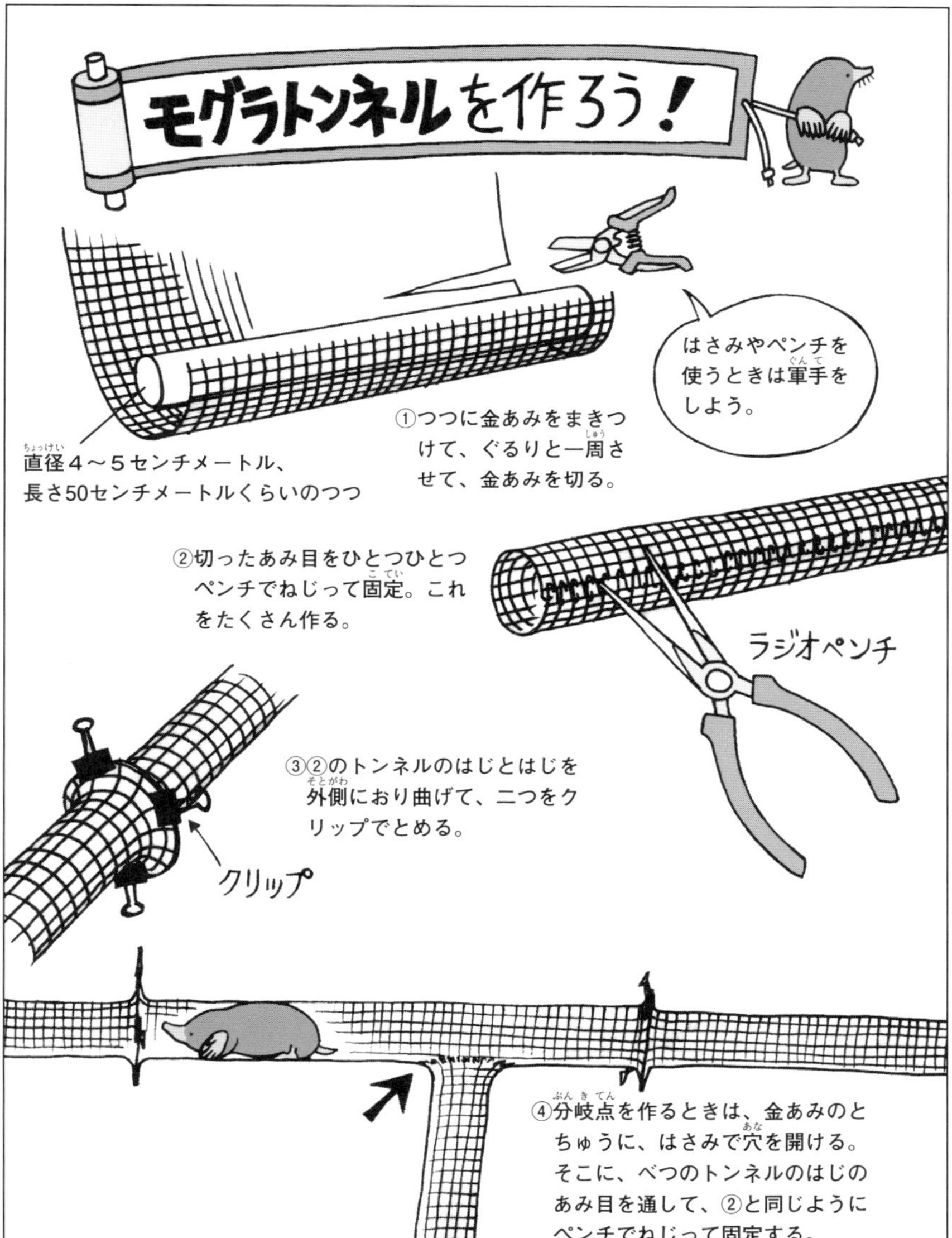
モグラトンネルを作ろう！
はさみやペンチを
使うときは軍手《ぐんて》を
しよう。
①つつに金あみをまきつ
けて、ぐるりと一周《しゅう》さ
せて、金あみを切る。
直径《ちょっけい》4～5センチメートル、
長さ50センチメートルくらいのつつ
②切ったあみ目をひとつひとつ
ペンチでねじって固定《こてい》。これ
をたくさん作る。
ラジオペンチ
③②のトンネルのはじとはじを
外側《そとがわ》におり曲げて、二つをク
リップでとめる。
クリップ
④分岐点《ぶんきてん》を作るときは、金あみのと
ちゅうに、はさみで穴《あな》を開ける。
そこに、べつのトンネルのはじの
あみ目を通して、②と同じように
ペンチでねじって固定する。

えさにむくもの・むかないもの

飼育《しいく》につきまとう問題、それはえさです。モグラがもっとも好《この》むものは、ミミズです。モグラの胃《い》の内容物《ないようぶつ》を調べると、大半はミミズがしめています。モグラは大食いなので、たくさんのミミズをじゅんびしなくてはなりません。でもぼくたち人間に、それほど大量《たいりょう》のミミズを集めるのは、とてもむずかしいことです。

そこでえさとして活用できて、簡単《かんたん》に手に入るものを考えなくてはなりません。候補《こうほ》のひとつは、ペット用に売られているミールワーム。あたえるとよく食べますが、これまたかなりの量を食べるので、自分でミールワームをふやしでもしないかぎり（ぼくはやっているのですが）毎日のえさとしてはむいていません。ちなみに、ペットフードはほとんど食べないようです。

そのほかに、ぼくがあたえたのはカエル。カエルは地中で冬みんするので、もしかしたら冬場のえさとなっているのではないかと思います。また、ネズミも食べます。ネズミはしばしばトンネルを利用《りよう》するので、運悪くモグラに出合ったときには、かっこうのえじきとなってしまうのかもしれません。

あれも食べたいなあ……
本日のこんだて
すなぎも１こ

でも、これらをつかまえたり買ったりして、あたえつづけるのはたいへんですよね。しかたがないので、われわれ人間の食材《しょくざい》からさがしてみることにしましょう。モグラは肉食なので、野菜のことは考える必要《ひつよう》はありません。するという、肉か魚ということになります。

そんなわけで、保存《ほぞん》がきいて市販《しはん》されているえさとして、ぼくがおすすめする食材は鳥のすなぎも。これならスーパーマーケットで、冷凍《れいとう》にしたパックを安く買えます。これを一日一、二個《こ》あたえれば、飼《か》うことができるだろうと思います。ぜひためしてみてください。

最後《さいご》に、おもしろいことをひとつ。意外にも、金魚をあたえると食べてしまうのです。自然界《しぜんかい》ではぜったいに出合えないはずなのですが……。もしかしたら、モグラは昔、水の中で生活する生き物だったのかもしれませんね。

研究者とは

それではいよいよ、ぼくがモグラのどんなことを調べているのかを説明《せつめい》しましょう。ぼくの研究の究極《きゅうきょく》の目的《もくてき》は、「世界に何種《なんしゅ》のモグラがいるのかを明らかにすること」です。そこでぼくは日本中、そして世界中のモグラをつかまえて調べています。ここからは、最近《さいきん》わかったことと、それを調べるためにやるべきことを書いてみようと思います。

ぼくはこの一〇年くらいで、日本、北アメリカ大陸《たいりく》、ロシア、台湾《たいわん》といった国のモグラを調べてきました。そして気づいたのです、「モグラにはまだまだ知られていない種がそんざいする」ということに！

ぼくの職場《しょくば》は博物館《はくぶつかん》ですが、ここでは、たくさんの動物・植物などの標本《ひょうほん》を無制限《むせいげん》に集める、という役割《やくわり》があります。ヨーロッパやアメリカの博物館には、一〇〇年以上も前に世界各地《かくち》でつかまえられたモグラの標本がありま す。ですから、ぼくは台湾《たいわん》のモグラを調べるかたわら、東南アジア地域《ちいき》でつかまえられたモグラの標本も調べてみました。

するとおどろいたことに、タイ・マレーシア・ベトナムのモグラの標本はほとんどなかったのです。しかも、数少ないこれらの標本は、びっくりするほど特徴《とくちょう》がさまざまで、ぼくがそれまでに本や論文《ろんぶん》で調べた内容《ないよう》とはちがっていました。このころには、ぼくは自分のモグラとりのわざにそれなりの自《じ》信《しん》があったので、

「こうした国に行けば、もっとたくさんのモグラをつかまえて、アジアにどれくらいの種類《しゅるい》がいるのかを明らかにできるだろう」

と、考えるようになっていました。

そこで、ぼくが注目したのは、ベトナムです。

いろいろな本を読んでみると、ベトナムのモグラにはさまざまな名前がつけられていて、ちゃんとした種の名前も、どれくらいの数の種がいるのかも、よくわかっていないようでした。ベトナムの南部でつかまえられたモグラは独立《どくりつ》した種としてみとめられているにもかかわらず、ヨーロッパとアメリカの博物館を調べても、わずか五点の標本しかなかったのです。

ベトナムは南北に細長い国で、北方には標高三〇〇〇メートルをこえる山があり、さらに、モグラにはとてもわたることができない大河《たいが》が、いくつも国土を仕切っています。

「これは日本の地形とにているなあ。日本に六種のモグラと二種のヒミズがいるのだから、もしかすると、ベトナムにもたくさんの種がいるのではないだろうか?」

ぼくは、そう考えました。

ベトナムを初《はじ》めておとずれたのは、二〇〇四年の冬のことでした。それから毎年、ぼくはベトナムに行き、各地《かくち》のモグラがどういう種類《しゅるい》であるのかを調べていきました。

すると、ベトナム南部のドウナガモグラは、ちょうどベトナム中部ダナンという町の付近《ふきん》より、南に分布《ぶんぷ》しているようでした。そして北部の標高《ひょうこう》が高い場所にはハシナガモグラという種、低《ひく》い場所には日本のモグラと同じグループに属《ぞく》するフーチェンモグラが、分布していることもわかりました。

いっぽうで、むかった先にモグラがまったくいないこともありました。こういうときはざんねんな思いをしましたが、それでもベトナムでのモグラの分布状況《じょうきょう》を調べるにはプラスの情報《じょうほう》です。こうして一〇地点ほどで、現地《げんち》の研究者といっしょに行った捕獲調査《ほかくちょうさ》の結果《けっか》、ベトナムに三種のモグラが分布することが明らかになったのです。

ドウナガモグラ。ほかとくらべると、たしかに体が長いのがわかります。

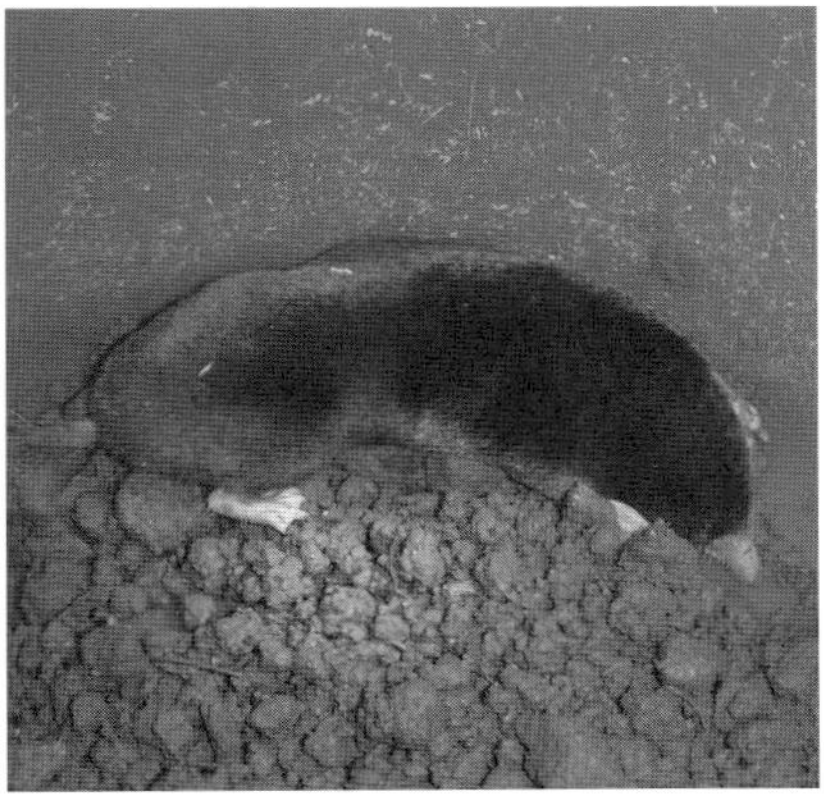

ハシナガモグラ。「ハシ」とは、くちばしを意味します。

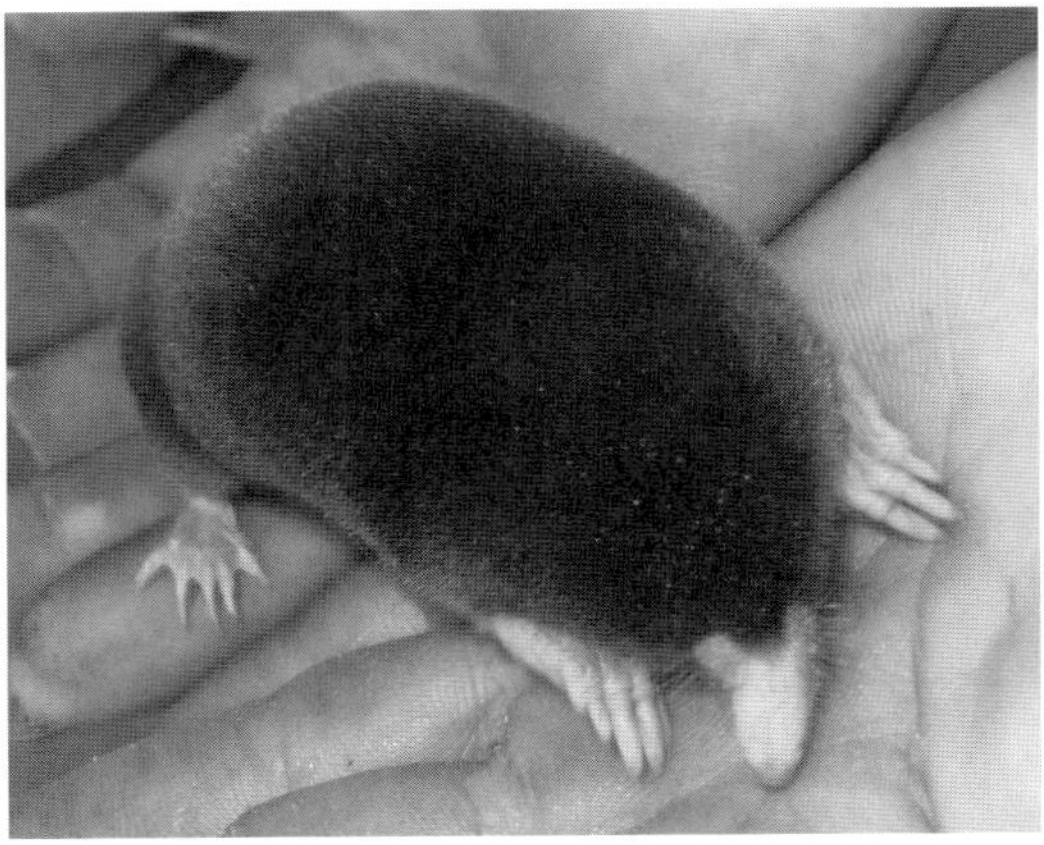

こちらはフーチェンモグラ。同じように見えても、どれもちがう種です。

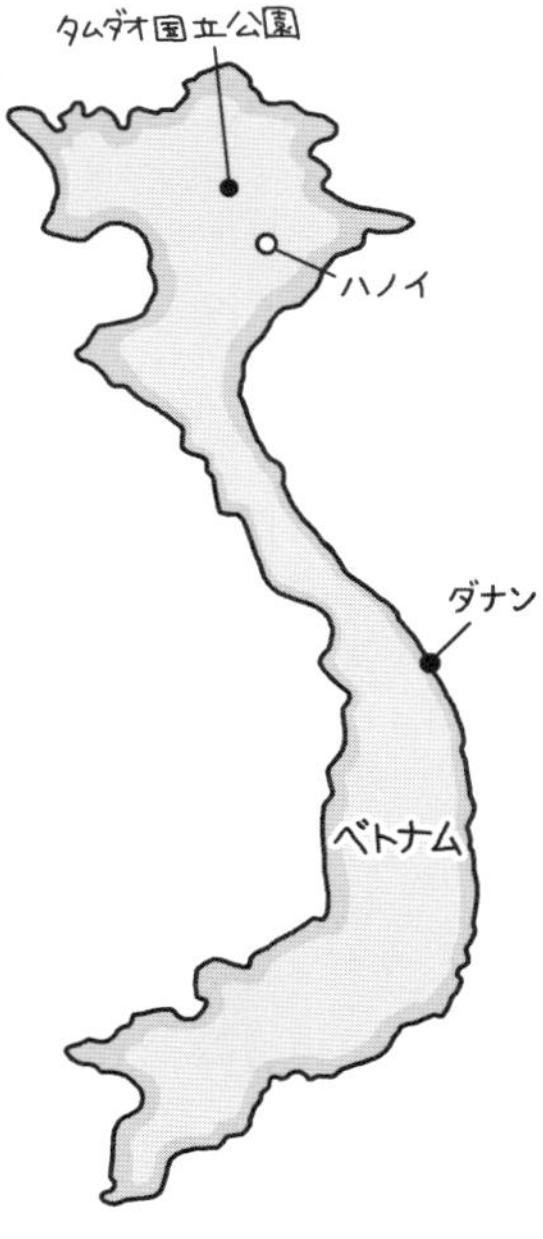

新種《しんしゅ》を発見!?

ベトナムのモグラについて、基礎的《きそてき》な情報《じょうほう》がまとまりかけたときに、ベトナムの研究者から、新たな情報がもたらされました。

それは、ハノイ市からさほど遠くない村の住民《じゅうみん》からで、「とても小さなモグラがいる」とのことでした。

この地域《ちいき》は、タムダオ国立公園に指定《してい》された標高《ひょうこう》一〇〇〇メートルほどのところにある避暑地《ひしょち》で、ぼくは以前《いぜん》に、ここでハシナガモグラを大量《たいりょう》につかまえました。ここの住民や共同《きょうどう》研究者の話では、標高の低《ひく》いところにハシナガモグラよりもずっと小さいモグラがいる、というのです。

タムダオにそびえる山。ぼくは、わくわくしながら登り始めました。

それを聞いたぼくは、二〇〇七年にふたたびタムダオをおとずれ、さっそくその場所に行ってみることにしました。ハノイから、車で二時間ちょっと走ったところにある村で、情報を教えてくれた人に会いました。かれの話では、細い竹づつで作ったわなで、その小さいモグラをつかまえたというのです。

案内《あんない》してもらい、さっそく山に入ることにしました。かれの住む村は海抜《かいばつ》五〇メートルほどの低地《ていち》です。ここから標高一〇〇〇メートルのタムダオ国立公園へつづく山道があります。山道といっても、林を切り開いた〝りっぱなけもの道〟というていどのものなので、なれないと歩くのはつかれます。

ぼくはベトナムに来ると、こうして現地《げんち》の人から細い山道の場所を教えてもらい、そこをのぼりながら、モグラのトンネルをさがすのです。いっぽうの林からべつの林へ、道を横切るように土をもりあげたトンネルが見つかれば、こっちのもの。こういうトンネルは、モグラがよく利用《りよう》する主道であることが多いのです。これは、なぜでしょうか?

モグラのなわばり内では、人がふみかためた道は、自由にトンネルをほって移動《いどう》するには、やっかいです。それは、その部分だけ土がかたくなっているので、土をほるのがたいへんだからです。それでも、なわばり内で十分なえさをとろうと思うと、そこを乗りこえる必要《ひつよう》があります。

そこでモグラは、道の特定《とくてい》の場所にだけトンネルをほって、移動用の通路とします。つまり、やたらにトンネルをほって労力《ろうりょく》をついやすよりも、決まった通路を使うわけです。このような通路は、たとえ人にふまれてつぶされても、何度でも直します。これが、理想的《りそうてき》な主道となるわけです。

さて、話を元にもどしましょう。山道を二〇〇メートルほど登ったあたりで、土質《つちしつ》が赤土のかたいものから、黒土のやわらかいものにかわってきました。土を手にとってにおいをかぐと、とてもよいかおりがします。そろそろ、モグラがいそうな気配です。道ばたの土をつついてみると、どうやらいくつかトンネルがあるようです。

いっしょに研究をしていた人は、ぼくに「わなを仕かけたらどうだ?」と言いましたが、まだまだ、もう少しのしんぼう。

しばらくして、山道を横切る、みみずばれのようなトンネルが見つかりました。中をさぐってみると、かべはかたくて、よくしめっています。ここならまちがいないでしょう。ぼくはリュックサックから、手作りのわな(九五ページの上の写真)を二つ取り出して、トンネルの左右両側《りょうがわ》に置《お》きました。

こうして、わなを仕かけながら山を登っていくと、きれいな沢《さわ》に出ました。ここは現地《げんち》の人たちが、たき火をしたり、ご飯《はん》を食べたりするのに、使う場所だそうです。

ぼくたちを案内《あんない》してくれた人は、村から野菜《やさい》やとり肉や米、そしてなべまで持ってきてくれていて、器用《きよう》にたき火を作って炊事《すいじ》を始めました。料理《りょうり》ができると、バナナの葉を何まいか切ってきて、それを地面にしいてすわり、昼ごはんです。まるで、キャンプにでも来たような気分です。

そして午後三時ごろ、今度は山道をおりながら、わなをたしかめていきます。わなを見落とさないように注意深く歩いていくと、なんとひとつのわなのばねがはじけています。どうやら、モグラがかかったようです。

みんなをよび、わなを引きあげてみると、みごとにかかっていました。それも話に聞いていたとおり、山の上の方にいるハシナガモグラよりもずっと小さいモグラです！

急いで山道をくだりきって村にもどると、ぼくはガイドに、

「また、明日来るよ」

とわかれをつげて、ホテルにむかいました。このホテルの一室が、ぼくのささやかな実験室《じっけんしつ》となるのです。

いっしょに行動していた研究者たちの
「夕食に行こう」

とのさそいを、

「後にしましょうよ」

とことわって、ぼくはさっそくつかまえたモグラの観察《かんさつ》に取りかかりました。

ホテルの部屋でまずは記念撮影《きねんさつえい》。

ヒメドウナガモグラの顔のアップ。

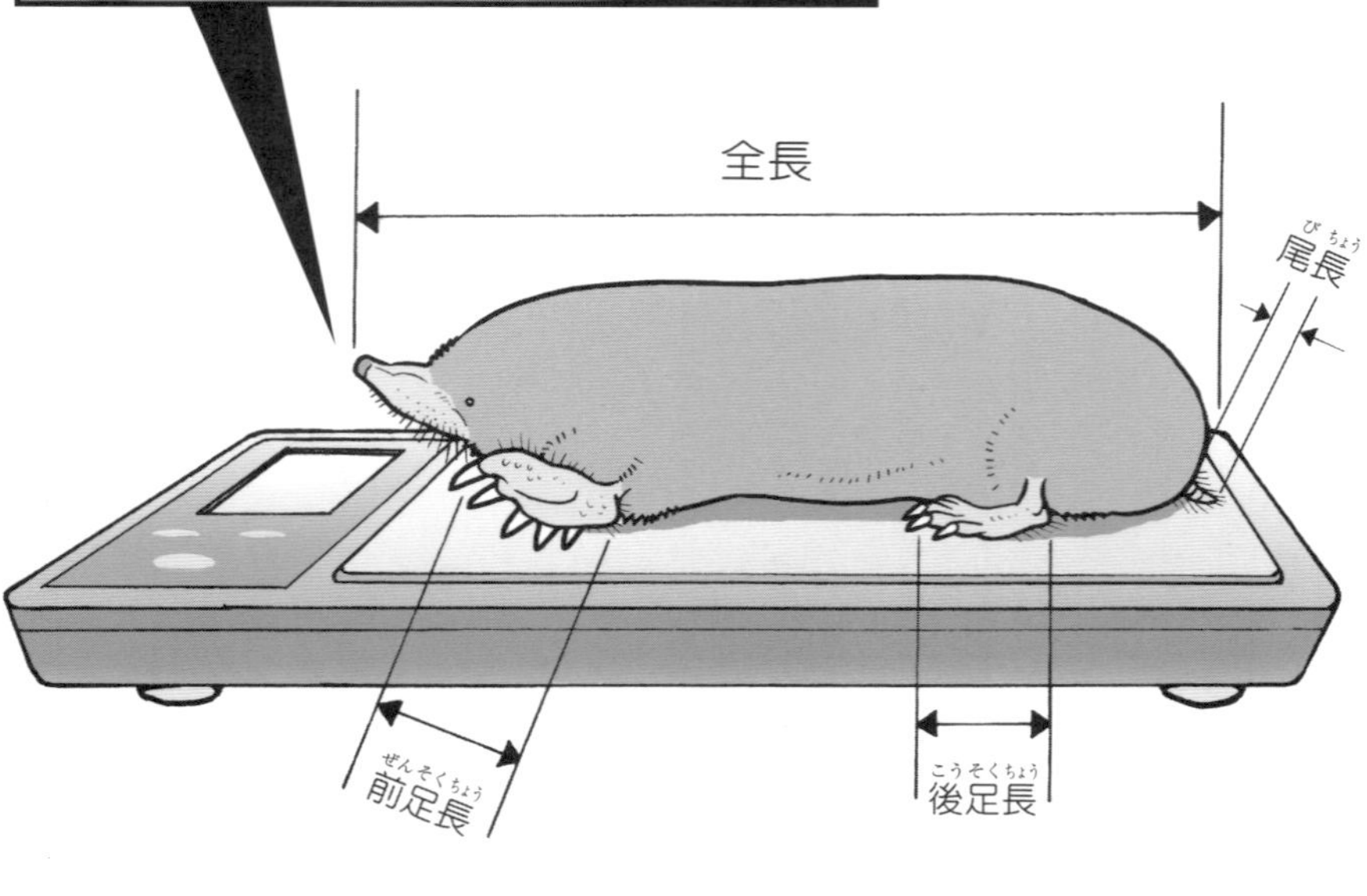

まず体重測定《そくてい》、そして体の各部、鼻先からしっぽの先まで（全長）や、尾《お》の長さ（尾長）をはかります。なんとこのモグラは、尾の長さが四ミリメートルしかありません。これは、今までぼくが調べてきたモグラたちの中で、もっとも短いものです。

そして写真をとり、体の各部の特徴《とくちょう》を見ていきます。たとえば、目が開いているかどうか？　これはほかのアジアのモグラと同じで、うすい皮ふでおおわれていました。鼻先はどうなっているか？　以前《いぜん》にベトナム南部で調べたドウナガモグラと同じで、鼻の側面《そくめん》に生えている毛の部分が、いぼ状《じょう》にふくれた形になっています。

こういった体の表面の特徴は、できるだけ早くに観察して、写真にとっておかなくてはなりません。なぜなら、標本《ひょうほん》になってからだと、かんそうしたり、薬品のえいきょうで、わかりにくくなったりするものだからです。そんなわけで、ぼくは、すぐにでもこのモグラを見てみたかったのです。

いざ、解剖《かいぼう》

ひととおり観察《かんさつ》を終えると、いよいよ解剖です。まず、おなかの皮をはさみで少しだけ切り開き、皮をはがしていきます。そして、ひざやひじの部分でじょうずに関節《かんせつ》をはずします。さらに、太ももの骨《ほね》を取り出して、骨の中にある骨《こつ》ずいを試《し》験管《けんかん》にとり、「培養《ばいよう》」という作業を行います。

培養は温度が低《ひく》くなるとうまくいかないので、試験管をわきにはさんで、体温であたためながら、皮をはがす作業をつづけます。こうして皮がはがれると、裏側《うらがわ》に防虫剤《ぼうちゅうざい》をぬりつけて、あとは中にわたをつめて、切り開いた部分をぬい合わせるだけで、「仮《かり》はく製標本《せいひょうほん》」のできあがり。

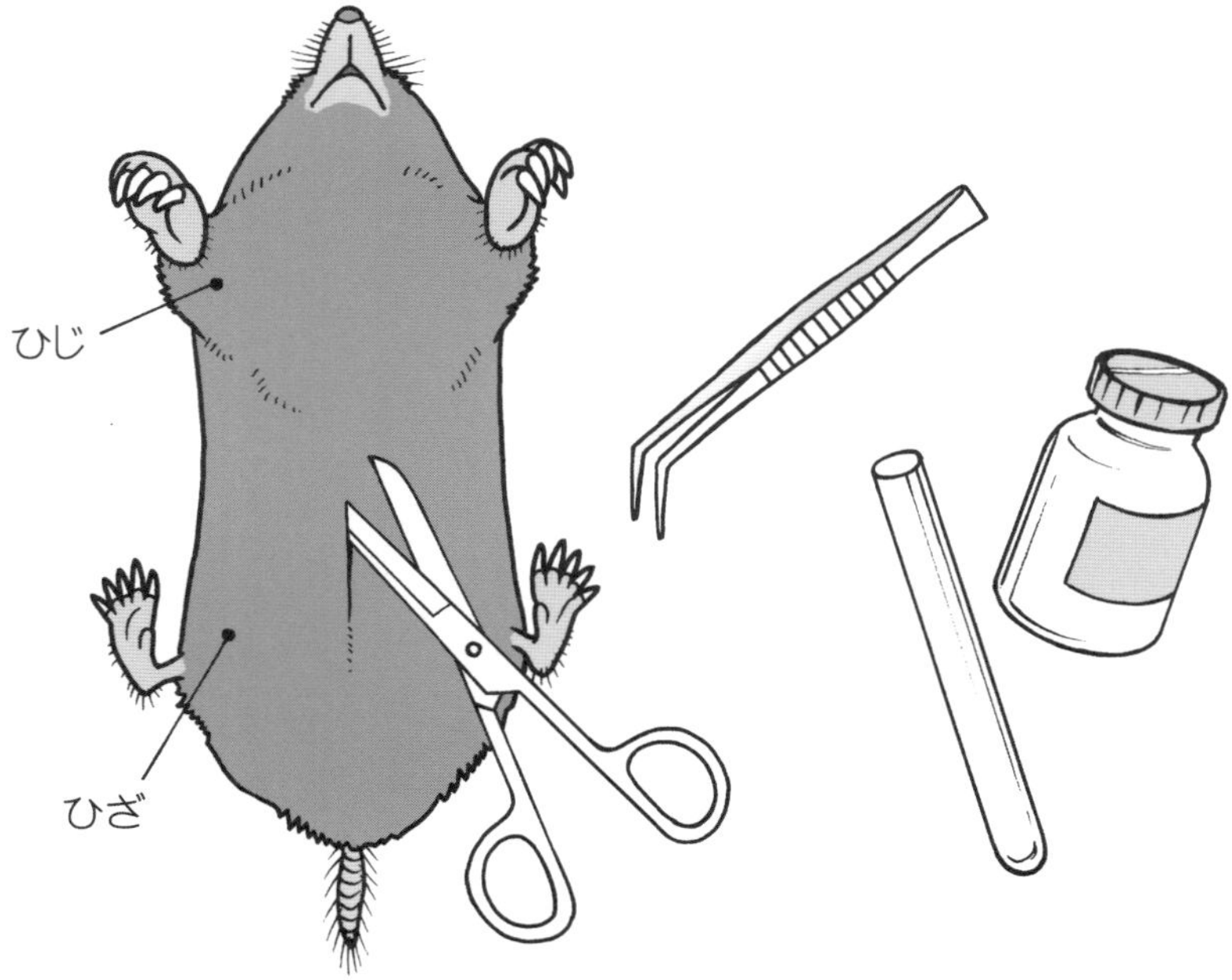
ひじ
ひざ

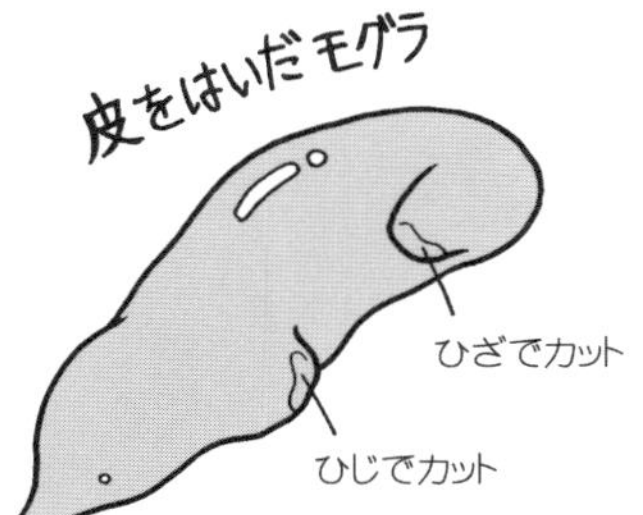
皮をはいだモグラ
ひざでカット
ひじでカット

皮の中にわたをつめて……

体の残《のこ》った部分（肉と骨《ほね》、内臓《ないぞう》）は、まずふくまくを開いて性別《せいべつ》をたしかめて、繁殖状態《はんしょくじょうたい》を調べます。つまり、そのモグラがメスならば妊娠《にんしん》していないかどうか、子どもを産《う》んだばかりの場合は子宮《しきゅう》にあとが残るので、それがあるかどうかといったことです。オスの場合は、精巣《せいそう》などの器官《きかん》がどれくらい発達《はったつ》しているかで、繁殖できるかどうかの目安にします。かくにんが終わったらアルコールの中につけて、一時、ほぞんしておきます。

ここまできたら、わきにはさんでおいた培養《ばいよう》作業も終わるころです。培養をわかりやすくいえば、血液《けつえき》と同じような条件《じょうけん》の液体《えきたい》に細胞《さいぼう》を入れて、しばらく生きた状態にしておくことです。これにより、モグラの「染色体《せんしょくたい》」が見

おなかを 開けてみないと、わかりません。

えるのです。

　染色体というのは、細胞の中の「核《かく》※」という部分にあるもので、顕微鏡《けんびきょう》で見ると左の写真のような形をしています。これには「遺伝情報《いでんじょうほう》」がつまっていて、親から子へと受けつがれます。ぼくがぼくのお父さんににているのは、染色体に入っている遺伝情報がにているから、ともいえます。そして遺伝情報も染色体も、二人の関係《かんけい》がはなれればはなれるほど、ちがってくるのです。

　ぼくはモグラの特徴《とくちょう》を調べるときにはかならず、この染色体を調べることにしています。それは、種《しゅ》がかわると染色体にちがいが表れる傾向《けいこう》があるからです。つまり、今回つかまえたモグラについても、染色体の数や形がちがっていれば、新しい種である可能性《かのうせい》が高まるのです。

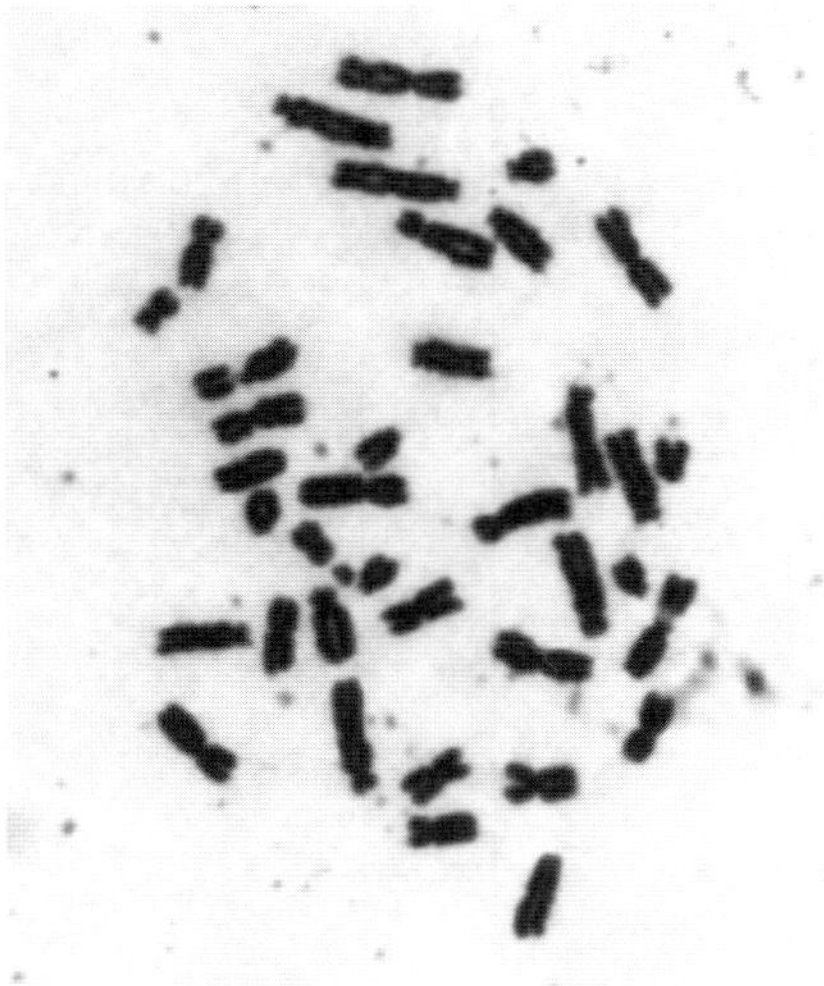

※核　中心の部分。

次の日も、さらにその次の日も山に登ってはおり、モグラをつかまえたらホテルで解剖《かいぼう》という具合に、野外調査《やがいちょうさ》は進みました。三日目にはアルコールにほぞんしていた体から頭をはずして、お湯でにて、頭骨標本《とうこつひょうほん》を作りました。どうやらこの小さなモグラは、頭の骨《ほね》も独特《どくとく》なようです。とくに、歯の形がかわった特徴《とくちょう》を持っています。ベトナムには、未発見《みはっけん》の第四種《しゅ》となるモグラがいたのでしょうか？　けっきょく、ぼくはこのときの旅で、小さい種類のモグラを、二ひきつかまえることができました。

帰国してすぐに、研究室で染色体《せんしょくたい》の数を数えてみました。すると、顕微鏡《けんびきょう》で三八本の染色体が観察できました。なんとこの数は、これまでに調べてきたアジアのモグラの仲間《なかま》では、知られていないものです。どうやら、ぼくがつかまえたときの印象《いんしょう》や骨の形から、

「このモグラは、ほかとはちがうな」

と感じたのは、まちがいではないように思えてきました。調べる前は、

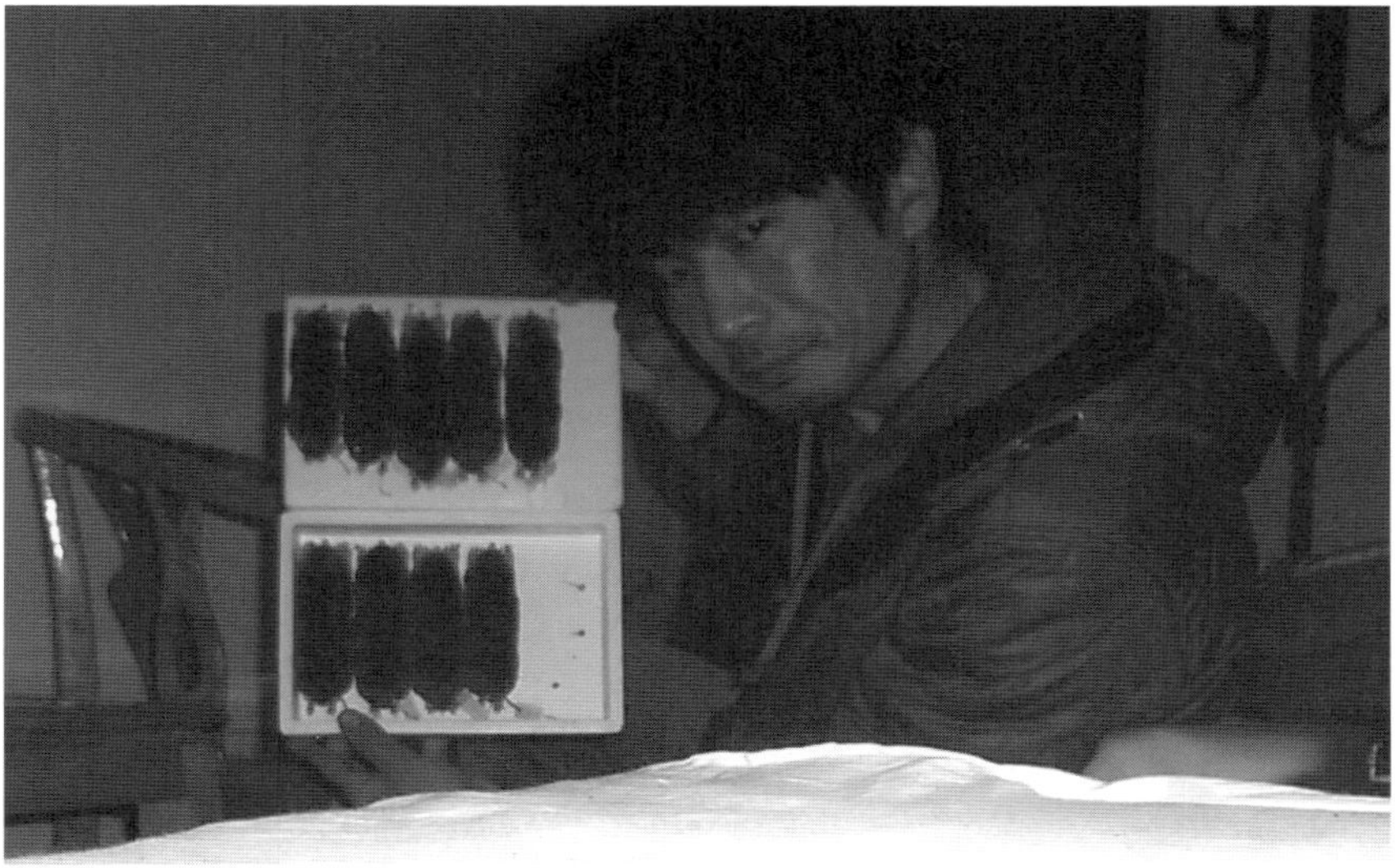
ずら〜りモグラ。山に登りつづけたかいがありました。

「ほかの場所のものよりも、小さいというだけかな」

と、考えていたのです。ぼくたち人間にも大きい人と小さい人がいるように、モグラにも大小のちがいがあります。ところが今回のモグラは、そういった「個人《こじん》のちがい」とは、明らかにべつのもののようです。

そこでぼくは次の年の同じ時期に、三たび、この場所をおとずれました。そして、同じ形のモグラを、さらに四ひきもつかまえました。これで、標本は十分です。

というのも、新種《しんしゅ》に名前をつけるためには、たくさんのサンプルを見る必《ひつ》要《よう》があるからです。一ぴきだけがかわっているのなら、それはたんなる「異《い》常個体《じょうこたい》」かもしれません。でももし、六ぴきがその特徴《とくちょう》を持つものなら、未《み》知《ち》の種であると考えてよさそうです。

そしてまさに、この場所でつかまえたモグラは、今までに知られているモグラとは、ことなる種であることがわかりました。いくつかの特徴は、ベトナム南部にすんでいるドウナガモグラと、にているようです。たぶんこの種は、ドウナガモグラと同じグループに入るのでしょう。

そこで、このモグラがドウナガモグラよりも小さいことから、ぼくは「ヒメドウナガモグラ」とよぶことにしました。

世界に新種を発表！

ぼくは、ヒメドウナガモグラを新種として世界にみとめてもらうための、最終段階《さいしゅうだんかい》に入りました。そのためには、何をすればよいと思いますか？

それは国際的《こくさいてき》によく知られた雑誌《ざっし》に、このモグラがどのようなすがた形をしているのか、そして、ほかの種とどこがちがうのかということを説明《せつめい》した論文《ろんぶん》を発表《はっぴょう》することです。これをやらずに勝手に名前をつけても、その名前は正式にはみとめられません。

ヒメドウナガモグラのかわった特徴をわかりやすく解説《かいせつ》するために、ぼくはまず頭骨《とうこつ》をスケッチして、ひとつひとつの特徴について、英語《えいご》で文章を書き始めました。もちろん、ほかの種《しゅ》とのちがいもしめさなくてはならないのですから、これまでに調査《ちょうさ》してきた、しんせきの種についてもあらためて調べ直して、どこがちがっているのかを細かく見ていきます。

とはいっても、スケッチや写真だけでは、ちがいがよくわからない部分がたくさんあります。また生き物の形は、個体《こたい》ごとに少しずつことなるものなので、たくさんの個体を計測《けいそく》して、平均値《へいきんち》や個体間のばらつきを数字で表すということも必要《ひつよう》になります。

これは、きみが学校で身体測定《そくてい》をする様子ににていますね。みんな一人ひとり身長や座高《ざこう》がちがっていて、それはその人の特徴《とくちょう》のひとつになるのです。そして、それらの中間的な数値がきみのクラスの平均的《へいきんてき》なサイズで、身長が一番低《ひく》い人と高い人の間が、クラスのばらつきを表す数字ということになります。となりのクラスの数字とくらべると、それほど差《さ》がなくなるはずです。これは、みんながヒトという種のうちの日本人だから、当然《とうぜん》のことです。

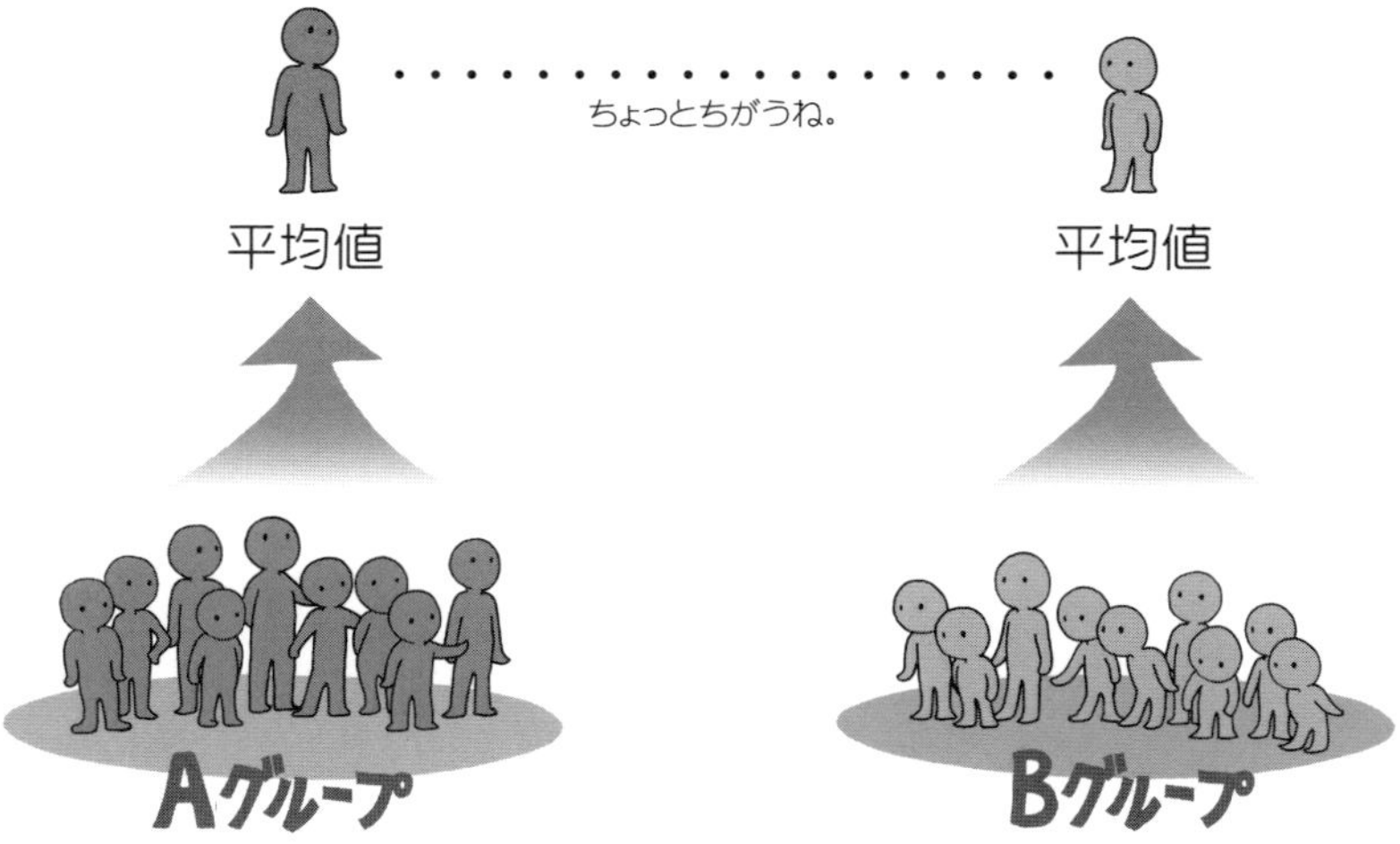

ところが、外国の同じ年齢《ねんれい》のクラスとくらべてみると、この数字は、少しかわったものになるかもしれません。グループ間の関係《かんけい》が、はなればはなれるほど、ちがいは見分けやすくなります。そして、この数字が完全《かんぜん》にちがうようならば、そのとき、「二つのグループはべつの種」と表現《ひょうげん》できる可能性《かのうせい》があります。

ヒメドウナガモグラの大きさは、ほかのどの種よりも小さいようでした。これだけでも、ちがいをしめすにはよさそうですが、ぼくはさらに、しんちょうにそのほかの部分を調べていきました。

そして、ついに結果《けっか》をまとめて、アメリカのほ乳類学会《にゅうるいがっかい》が出版《しゅっぱん》している雑《ざっ》誌《し》に、論文《ろんぶん》を提出《ていしゅつ》しました。論文は、雑誌の編集長《へんしゅうちょう》に「この内容《ないよう》は発表してもだいじょうぶだ」と判断《はんだん》されると、二名の専門家《せんもんか》の元に送られます。ぼくの論文がだれに送られたのかは、ぼく自身には知らされません。その二人が論文の内容をチェックして、審査《しんさ》するのです。

提出から二か月ほどたって、二人の審査員のきびしいコメントが入った返事が来ました。ぼくの論文に書き足りない部分があったようで、「それについてちゃんと説明《せつめい》したら、雑誌に掲載《けいさい》してもよいよ」

という返事です。そして、そこには、

「この作業は、二か月以内に終わらせなさい」

とも書かれていました。ぼくは大急ぎで論文を直して、もう一度、提出しました。その後、さらにもう一回、同じようなやりとりをしたところで、ようやく「掲載します」との返事がきました。

こうして、二〇一二年六月号の『Journal《ジャーナル》 of《オブ》 Mammalogy《マンモロジー》』[※1]に、ぼくのヒメドウナガモグラという新種《しんしゅ》を発見した論文が、掲載されたのです。

でもこれで、このモグラについてのすべてが解決《かいけつ》したわけではありません。ヒメドウナガモグラはタムダオの山ろくだけでなく、もう少し北の地域《ちいき》と、ベトナムの中南部あたりにまで、分布《ぶんぷ》していることがわかっています。

この地域で、ヒメドウナガモグラをふくむ合計四種のモグラが、どのようにすむ場所を分けているのか、また生き物の進化の歴史《れきし》の中で、どのように枝《えだ》分《わ》かれしてきたのかは、まったくわかっていません。きっと第二章で書いた日本のモグラのように、上手にすむ場所を分けたり、あるいは競合関係《きょうごうかんけい》[※2]にあったりするのではないでしょうか。

※1 『Journal of Mammalogy』 ほ乳類に関《かん》する国際的《こくさいてき》な科学雑誌。

※2 競合関係 おたがいにきそい合うこと。

未来《みらい》の研究者へ

新種《しんしゅ》を見つけたからといってぼくの仕事は終わったわけではなく、モグラのなぞは深まるばかりです。

〝世界にはいったい何種のモグラがいるのか〟。この究極《きゅうきょく》の研究テーマは、ぼくが一生かかってもわからないかもしれません。いつの日か、きみの世代に引きつぐときが来るかもしれませんし、もしかしたらきみ自身が調べたいと思っているかもしれませんね。ぼくは、そういうきみの願《ねが》いがかなえばいいなと思いながら、この本を書いています。

ぼくは子どものころから生き物が大好《だいす》きで、野外で動物をつかまえたり、飼育《しいく》したりして毎日をすごしていました。学校の勉強は、それほどしっかりやったとは思えません。ですから、飼育が好きといっても、夏休みの宿題の「観察記録《かんさつきろく》」などに、積極的《せっきょくてき》に取り組む子どもではなかったと思います。

けれども生き物をつかまえて、図鑑《ずかん》を使い、それがどういう名前で、どんなものを食べているのか、どういうところにすんでいるのか、といったことは、てってい的に調べていました。図鑑にのっている生き物は、全部覚《おぼ》えてしまうくらいの力の注ぎようでした。

小学校のころというのは、とくに男の子は昆虫《こんちゅう》やヘビ、ザリガニといった身近な生き物に興味《きょうみ》を持つもので、ぼくは友だちから「昆虫博士《はかせ》」とよばれるようになりました。だれかがかわった虫をつかまえると、たいていぼくのところに見せに来る。また、だれかの家にハチの巣《す》ができたら、ぼくに「何とかして」とたのみに来る。ぼくの生き物好きは、先生からもみとめられるものでした。

ところが、中学校や高校に進むと、友だちの多くは部活動などに一生けん命になっていき、あるいは受験勉強《じゅけんべんきょう》でいそがしくなってきて、身の回りの生き物に目が向かなくなってきました。そのころもまだ、昆虫採集《こんちゅうさいしゅう》のあみをふり回していたぼくに対して、友だちの見方は一部の人をのぞき、「へんなやつ」「かわった子」というものに、かわってきていたと思います。それでも、ぼくの生き物への関心《かんしん》は、うすれることはありませんでした。

ぼくは今でもよく「かわっている」と言われますが、これはほめ言葉だと思っています。人はみんな、同じような「ふつう」の生活をする必要《ひつよう》はありません。昆虫図鑑《ずかん》の内容《ないよう》をそっくり覚《おぼ》えている子、運動能力《のうりょく》ばつぐんですごいホームランを打つ子、テストの成績《せいせき》がいつも学年ナンバーワンの子、どの子もそれぞれに「ふつう」の状態《じょうたい》から努力《どりょく》を重ねた末《すえ》にできあがった、つまり「かわっている」子といえるのです。ちなみにぼくの学校での成績は、いつも「超《ちょう》ふつう」でしたが、何かひとつでもほこれるものを持つというのが大切なのです。

それが何であれ、才能《さいのう》です。農業に興味《きょうみ》があるもよし、政治《せいじ》・経済《けいざい》に関心《かんしん》があるもよし、数式が大好《だいす》きでもよし、もちろんスポーツに情熱《じょうねつ》をもやすもよし。そういういろいろな才能を持つ人たちがいてこそ、世の中はなり立つし、楽しいものになるのです。社会は「かわった」人たちの集まりです。きみにも自分の大好きなことをやりつづけてほしい。それが、「かわった」人、すなわち「専門家《せんもんか》」への第一歩なのです。

では、研究者になるためには、具体的《ぐたいてき》にどういう勉強をすればいいのかと疑問《ぎもん》に思うかもしれませんが、決まった方法《ほうほう》はありません。自分が好きなことをやりつづけるということは、本当は、むずかしいことなのかもしれませんね。ぼくの経験《けいけん》からあえてひとつだけ、研究者になるためにきちんと勉強しておいた方がいいと思うことをあげるなら、それは英語《えいご》です。ぼくは中学校から英語教育《きょういく》を受けましたが、最初《さいしょ》のテストの成績は三三点でした。それから、両親のすすめでじゅくに通い始めて、何とかそこそこの成績《せいせき》になったのです。そのおかげでぼくは今、英語《えいご》で論文《ろんぶん》を書くことができます。英語が重要《じゅうよう》だというのは、研究成果《せいか》の発表の場で英語が使われているからです。ですから、英語を十分に勉強しなくては、自分の研究を語ることはできません。

そしてもちろん、夢《ゆめ》と情熱《じょうねつ》を持つことが一番大切でしょう。たとえどんなにつらくても、夢とそれをかなえるための大きな情熱があれば、乗りこえることができると思います。

現在《げんざい》、日本のほ乳類《にゅうるい》研究者のうち、モグラを専門《せんもん》に研究しているのは一〇人ほどです。その中には、モグラの遺伝子《いでんし》を調べている人もいます。遺伝子の研究は、モグラたちがどのような順番《じゅんばん》で枝分《えだわ》かれしながら種《しゅ》を進化させてきたのか、ということを調査《ちょうさ》するのに有効《ゆうこう》な方法《ほうほう》です。遺伝子とは、ぼくたちの体をつくる設計図《せっけいず》を四つの記号でしめしたもので、この記号を解読《かいどく》する技術《ぎじゅつ》が発展《はってん》したおかげで、ぼくたちはモグラの進化の歴史《れきし》をくわしく知ることができるようになったのです。

また、モグラのくらしについて研究している人もいます。最近《さいきん》ではモグラに発信器《はっしんき》をつけて、そこから出る電波《でんぱ》をひろって、モグラがどのように移動《いどう》しているのかを調べることができます。発信器の小型化《こがたか》が進み、モグラにせおわせても問題がない大きさのものが登場したおかげで、こうした新しい調査方法が使えるようになってきたというわけです。

どちらも科学技術の発達《はったつ》のおかげでできるようになった研究ですが、技術はこうしている間にも進歩しています。研究者といっても、そこにはさまざまな方法で、いろいろな生き物を研究している人たちがいるのです。

きみが大人になって生き物の研究にたずさわるころには、もっともっと、おもしろい方法ができているかもしれません。いえ、きっとできているはずですよ。

おわりに

二〇一二年五月二七日に、ぼくはモグラをテーマに、いっぱんの方へのイベントを行いました。このイベントにそなえて、ぼくはアズマモグラをつかまえて持っていきました。

ぼくの「つくば市から来た特別《とくべつ》ゲスト、あずまさんです」という始まりのあいさつとともに登場した、飼育《しいく》ケースの中の生きているモグラに、来場したお客さんは大喜《おおよろこ》び。モグラのそんざいは知っているけれど、実際《じっさい》に生きて動いているすがたを見たことがある人は、それほど多くありません。ぼくたちの身近な環境《かんきょう》にすんでいて、だれでも知っている動物ですが、なかなか目にすることはできないのです。こういう経験《けいけん》をするたびに、ぼくはモグラの魅力《みりょく》のすばらしさを感じています。

これでこの本は終わりになりますが、もしかしたら、きみは疑問《ぎもん》に感じたことが、もっとたくさんあるかもしれませんね。それは、ぼくにこたえられることかもしれないし、まだだれにも知られていないことなのかもしれません。なぜなら、モグラの世界はなぞだらけ。きっときみにも、それを調べるチャンスがおとずれるはずです。

最後に、四六ページで、道ばたで死んでいるモグラに関《かん》する「ひもの仮説《かせつ》」を耳打ちしてくれた、手塚牧人さんにお礼申しあげます。かれは、プロのフィールドワーカーで、いつも野外で発見したひみつの情報《じょうほう》を、ぼくに教えてくれます。また松本晶さんの、ときに写実的《しゃじつてき》で躍動感《やくどうかん》のある、またときにはユーモアのセンスがあふれるイラストには、いつも感動させられています。

そして、この本を最後まで読んでくれたきみに、ありがとう。
またどこかで会いましょう。

二〇一二年七月　川田伸一郎

モグラの登場する絵本

『モグラくんがみた おひさま』
BL出版 刊／ジーン・ウィリス ぶん／サラ・フォックス-デイビス え／みはらいずみ やく

『モグラくんとセミのこくん』
福音館書店 刊／ふくざわゆみこ さく

『うんちしたのは だれよ！』
偕成社 刊／ヴェルナー・ホルツヴァルト 文／ヴォルフ・エールブルッフ 絵／関口裕昭 訳

物　語

『たのしい川べ』
岩波書店 刊／ケネス・グレーアム 作／石井桃子 訳

『川べのちいさなモグラ紳士』
岩波書店 刊／フィリパ・ピアス 作／猪熊葉子 訳

『ネズミさんとモグラくんの楽しいおうち』
小峰書店 刊／ウォン・ハーバート・イー 作／小野原千鶴 訳

『星モグラサンジの伝説』 理論社 刊／岡田 淳 作・絵

『もぐらのあなの大そうじ』
評論社 刊／ビビアン・フレンチ 作／アンナ・カーリー 絵／おかだよしえ 訳

＊のついている本は品切れです。図書館などでさがしてみましょう。

調べてみよう 読んでみよう

ぼくが書いたモグラの本

『モグラ博士のモグラの話』

岩波書店 刊／川田伸一郎 著

モグラについて調べる

『モグラの生活』

福音館書店 刊／飯島正広 文・写真

シリーズ 鳥獣害を考える 5 モグラ
『モグラがトンネルをほるとどうなるの？』

農山漁村文化協会 刊／井上雅央・秋山雅世 監修

『モグラのもんだい モグラのもんく』

小峰書店 刊／かこさとし 作

＊『モグラ 地下の宇宙ステーション』
ジュニア写真動物記27

平凡社 刊／今泉吉晴 著

＊生き生き動物の国
『モグラ トンネルづくりの名人』

誠文堂新光社 刊／手塚 甫 著

モグラとその仲間《なかま》に出合える場所

<モグラ>

■多摩《たま》動物公園（東京都）

〒191-0042　日野市程久保7-1-1
電話 042-591-1611
ホームページ http://www.tokyo-zoo.net/zoo/tama/

■広島市安佐《あさ》動物公園（広島県）

〒731-3355　広島市安佐北区安佐町大字動物園
電話 082-838-1111
ホームページ http://www.asazoo.jp/

■宮崎《みやざき》市フェニックス自然動物園（宮崎県）

〒880-0122 宮崎市塩路浜山3083-42
電話 0985-39-1306
ホームページ http://www.miyazaki-city-zoo.jp/

<トガリネズミ>

■札幌《さっぽろ》市円山《まるやま》動物園（北海道）

〒064-0959 札幌市中央区宮ヶ丘3番地1
電話 011-621-1426
ホームページ http://www.city.sapporo.jp/zoo/

<生き物の生態《せいたい》について調べられるところ>

■国立科学博物館《はくぶつかん》（東京都）

〒110-8718　台東区上野公園7-20
電話 03-5777-8600
ホームページ http://www.kahaku.go.jp/

さくいん

この本に出てくるモグラと、その仲間《なかま》にかんするページがわかります。太字は、おもな解説《かいせつ》のあるページをしめしています。

（★は日本にいるモグラです。）

※❶～❹は口絵のページを指します。

【著者・画家紹介】

■著　者　川田伸一郎《かわだ しんいちろう》

1973年生まれ。名古屋大学大学院生命農学研究科博士課程終了。農学博士。現、国立科学博物館動物研究部研究員。著書に『モグラ博士のモグラの話』（岩波書店、2009年）『モグラ 見えないものへの探究心』（東海大学出版会、2010年）などがある。

■イラスト　松本 晶《まつもと あき》

1972年生まれ。多摩美術大学日本画科卒。日本理科美術協会会員。動物の図鑑画・イラスト・挿絵などを描く。挿絵に『最新理科資料集』（明治図書出版、2009年）「ホネからわかる！ 動物ふしぎ大図鑑」シリーズ（日本図書センター、2010年）ほか。

イラスト　松本 晶
装丁・地図　佐々木 歩美
写真提供　川田 伸一郎

はじめまして モグラくん

2012年9月25日　初版第1刷発行
著　者　川田 伸一郎
発行人　松本 恒
発行所　株式会社 少年写真新聞社
〒102-8232　東京都千代田区九段南4-7-16 市ヶ谷KTビルI
Tel（03）3264-2624　Fax（03）5276-7785
http://www.schoolpress.co.jp
印刷所　図書印刷株式会社

ISBN 978-4-87981-434-0　C8095 NDC489

実物大モグラ図鑑《ずかん》

ここでしょうかいするモグラは日本固有種《こゆうしゅ》ですが、ざんねんながら、わたしたちの生活ではあまり目にすることができません。

ミズラモグラ

体　長：7～11センチメートル
尾《び》　長《ちょう》：2～3センチメートル
体　重：26～36グラム
生息域《せいそくいき》：本州のあちこちに点在《てんざい》。